JN296581

水循環：現在

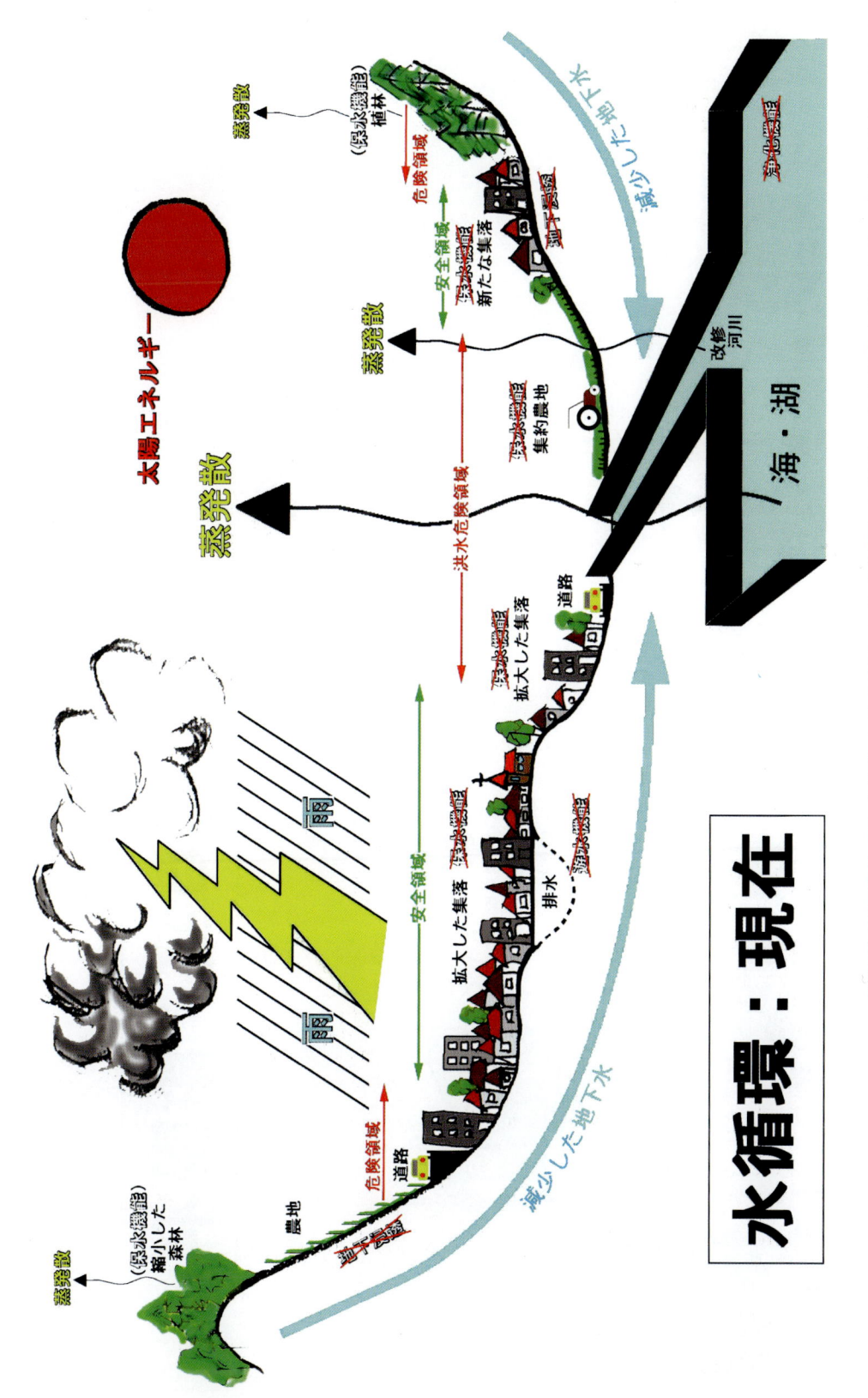

利便性や経済性のみを優先させ自然を大きく改変した結果、自然災害を増加させ、今度は防衛の意味からまた自然を改変する改変する悪循環に陥った。

（図中ラベル）

太陽エネルギー
蒸発散

(誤氷涵養)植林
危険領域
安全領域
深水涵養 新たな集落
蒸発散
深水涵養 集約農地
洪水危険領域
改修河川
海・湖
減少した地下水
深水涵養 道路
深水涵養
深水涵養 拡大した集落
排水
安全領域
拡大した集落
危険領域
道路
農地
(誤氷涵養)縮小した森林
蒸発散
減少した地下水

水循環：近自然

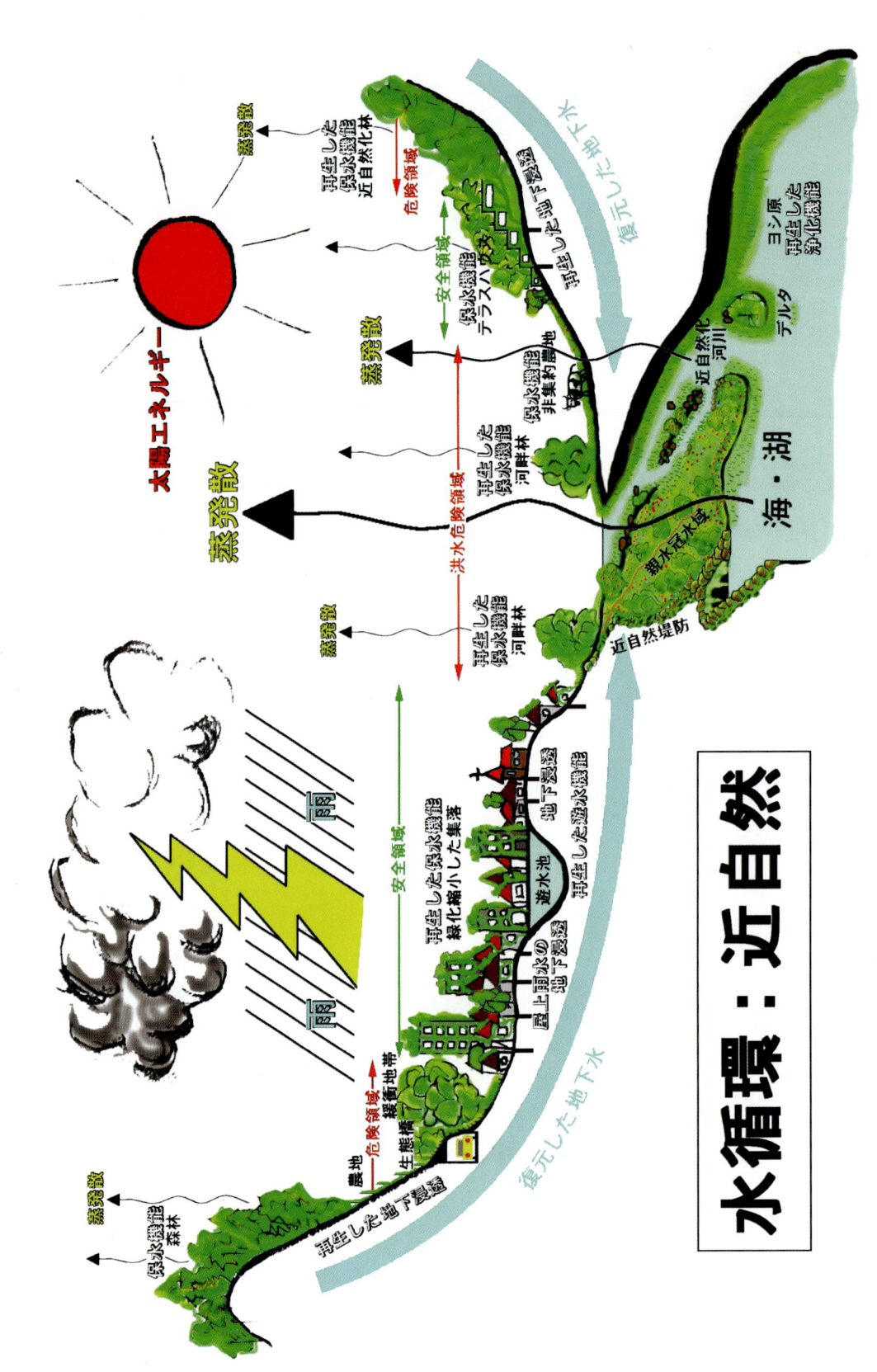

利便性を大きく損なうことなく自然への侵害を最小限に抑え、最終的に人間にも有利なように健全化していく必要がある。

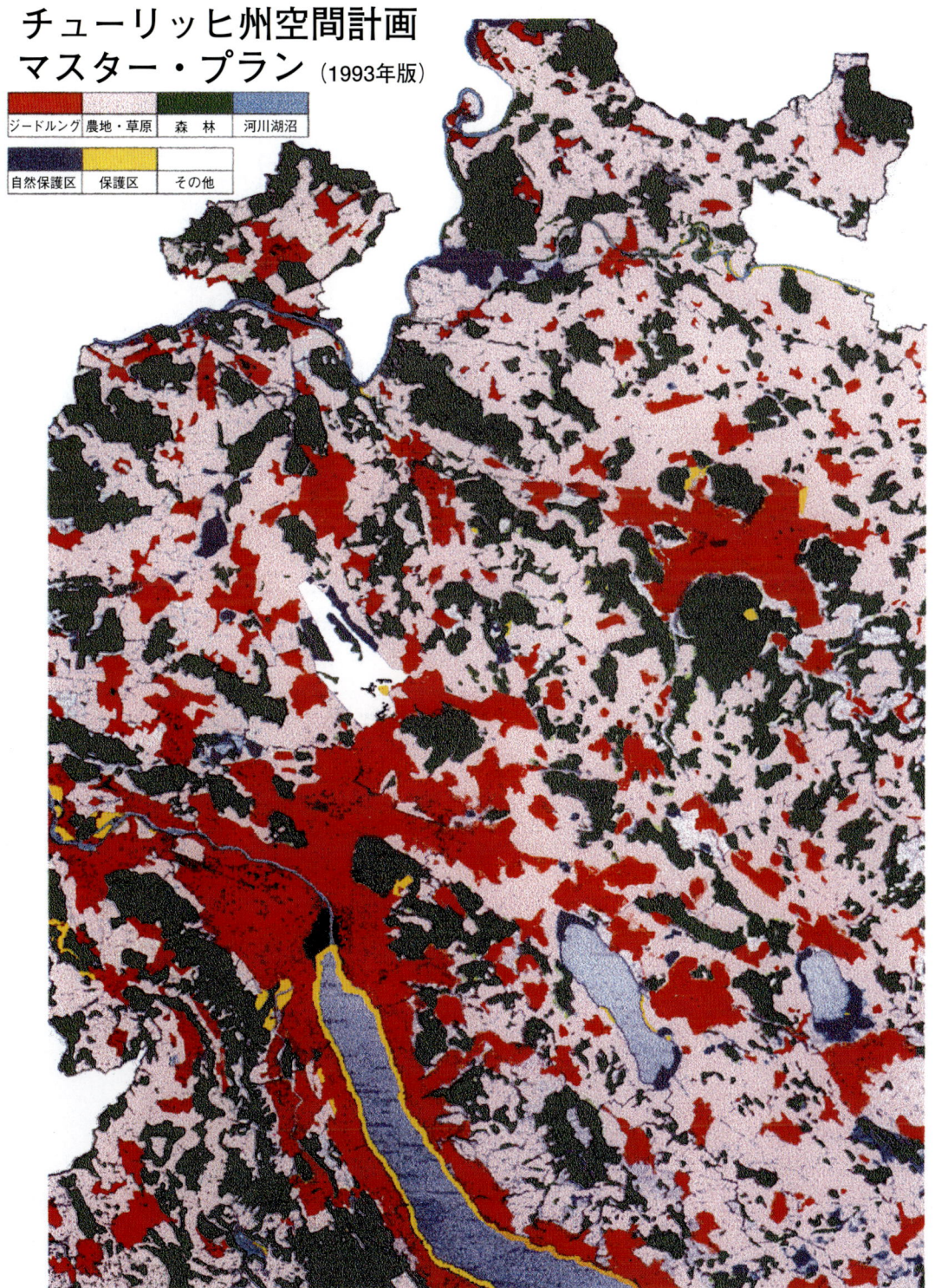

チューリッヒ州空間計画
マスター・プラン（1993年版）

ジードルング	農地・草原	森　林	河川湖沼
自然保護区	保護区	その他	

■チューリッヒ州空間計画マスタープラン（1993年版）　　資料：チューリッヒ州建設局空間計画部
３種類ある空間計画マスタープランのうちのジードルング／ランドシャフト版で、土地利用とゾーニングを規定したもの。赤は日本では危険区域だが、ここでは人間の住んでよい地域。

〔本文30〜32頁参照〕

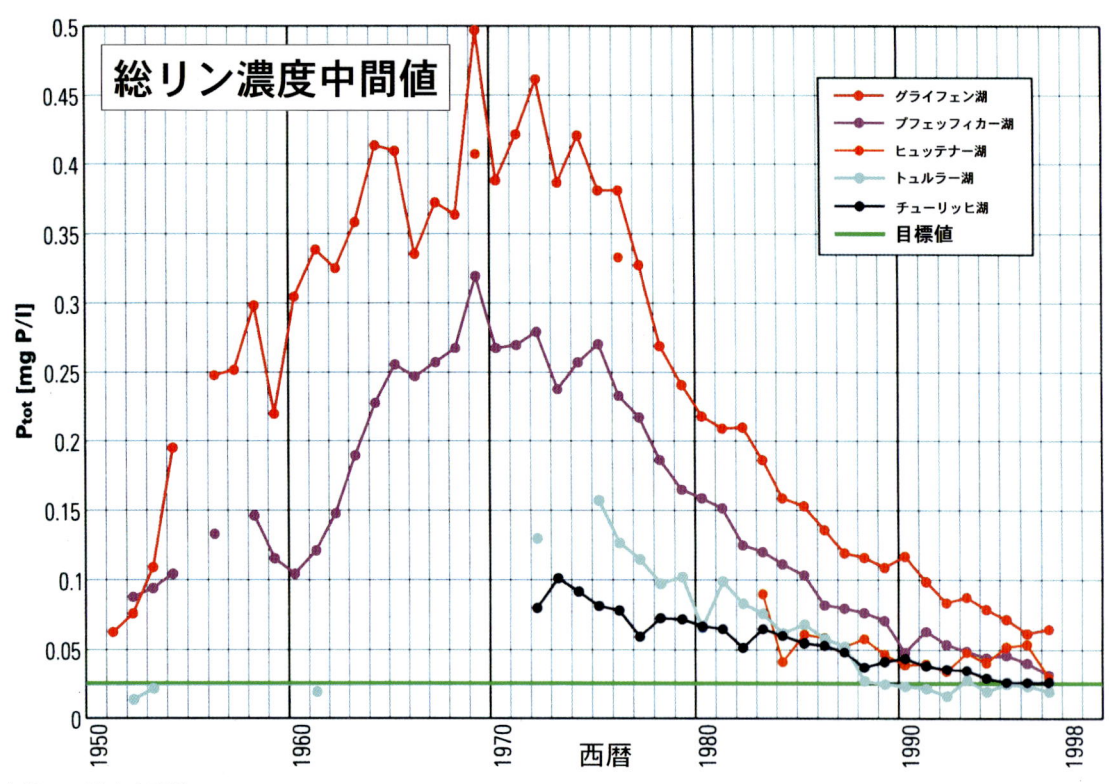

◆総リン濃度中間値

1970年代初頭にピークを記録した湖沼の水質汚染は、下水処理場の整備に伴い急激に改善され、現在は1950年代初めの水準にまで戻った。しかし、農業負荷の大きな湖では、専門家が設定した目標値に到達できるかどうか危ぶまれる。
（資料：チューリッヒ州建設局　廃棄物・水・エネルギー・大気部）　　　　　〔本文44～45頁参照〕

◆安全高水基準レベル図
資料：ウーリ州建設局土木部

赤色の人命・財産密集地帯はできる限り冠水を避けたい。逆に、黄色の河畔林やデルタ地帯は洪水の度に冠水することが望ましい。農地は一時的な冠水であれば、被害は事実上ない。このような条件で、どうすればもっとも効率良く低コストで洪水対策が可能性なのか？　こう考えると、今までと違った対策が可能である。

〔本文86頁参照〕

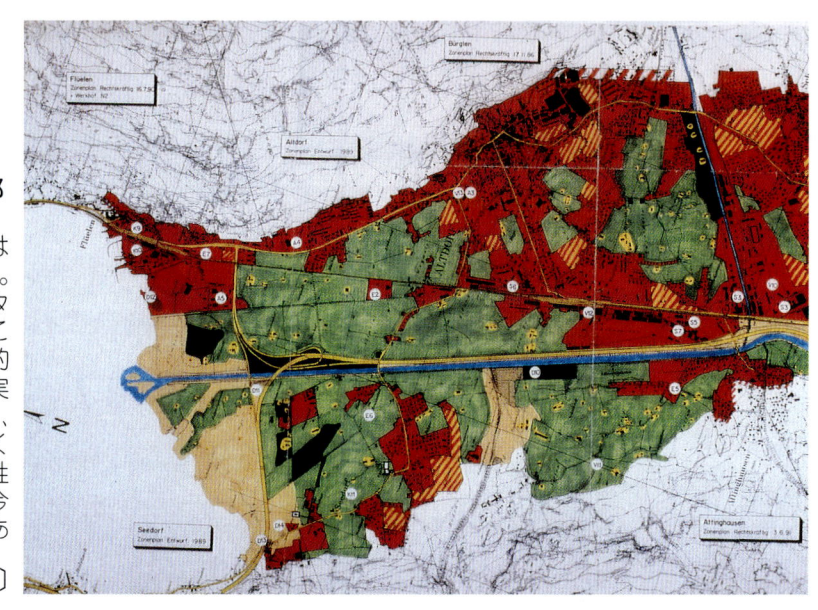

近自然工学

新しい川・道・まちづくり

- Naturnaher Wasser- & Strassenbau -

山脇　正俊　著

Masatoshi Yamawaki

はじめに　～21世紀の地球と人類のために～

　今、地球環境は本来のバランスを大きく崩している。瀕死の状態とも言えよう。そしてそれは我々人類の活動に起因している。

　地球環境の壊滅は、人類とその文化・文明の破局をも同時に意味する。日本では危機感が大変稀薄だが、多くの環境や生態の専門家の科学的調査や試算では、環境破壊がこのまま進行すれば、それはそう遠い将来のことではない。このままでは、21世紀に生きる人達の日常生活は厳しいものになるだろう。

　大気を直接呼吸できない、水も飲めない。海は死に、海洋資源は絶える。土壌汚染により、農作物も直接食べられない。空気・水・食料はすべて工場生産となる…。

　この恐ろしいシナリオは、非現実的なSFの世界だけのものではなく、多くの科学的な環境調査結果がそれを暗示している。

　何故こんな事になったのか？
　どこで道を間違えてしまったのか？
　我々は今何をなすべきか？
　今何ができるのか？

　我々（特にいわゆる先進国と呼ばれる国々に住む人々）の物質的豊かさは、地球と開発途上国との犠牲の上に成立していることは自明だ。これがとりもなおさず地球環境への圧迫となって、我々自身へ問題が戻ってくる。このような状態を寄生と言い、これでは長続きしない。宿主である地球が倒れてしまうからである。

　この日々悪化する末期的症状を食い止め、人類と地球とを共生関係に改善しようという努力も種々ある。我々の豊かさを維持しながら、環境にも配慮しようというわけだ。

　河川、道路などの「近自然工法」はその試みのひとつである。人間の利便性を地球環境や生命に配慮しながら実現しようというのだ。

スイス、ドイツ、オーストリアを中心として発展し続けているこの近自然工法は、地域的にも内容的にも次第に大きな広がりを見せている。その二大中心地とも言える、スイス/チューリッヒ州とドイツ/バイエルン州との事例視察のために、最近では世界各国から多くの技術者や研究者が訪れる。
　日本もその例外ではなく、視察者は河川関係者を中心として年間300名を下らない。

　1991年、建設省が「多自然型川づくり」という新名称において「近自然河川工法」を導入して以来、日本においても大小5,000事例（！）、総延長1,185kmの実績（1997年度末まで）があると報告されている。なかでも、近自然工法を深く理解している技術者や建設業者が手がけたいくつかの川は大変素晴らしい。しかしながら、どの担当者も皆一様に最善を尽くしているにもかかわらず、良い事例とそうでないものとの落差はいまだに大きい。

　現場の土木技術者達から、「どうすれば近自然河川工法を正しく理解できますか？」という当然の質問をよく受ける。日本にも「多自然型川づくり」の多くの事例があり、またエコロジー（生態学）に関するものも含めて数多くの文献・参考書・視察報告書などもありながら、今一つ釈然としないようだ。最終的に目に見える表面的な外観や工法ばかりが一人歩きし、何故こうなのか、こうあらねばならないのか、他ではいけないのか…、などを明確に説明できる指導者が残念ながら少ないのが実状である。

　また他方、情報不足や思い込みに起因した近自然工法に対する誤解も日本ではいまだに根強い。典型的な発言が、「近自然は、カクカクシカジカ…だから良くない。故に日本は多自然型だ！」または、「近自然は、気候・風土・文化の異なるヨーロッパのものだから日本には適さない。故に日本は独自のものを開発する必要性がある！」というものだろうか。これでは、「近自然河川工法」ばかりか「多自然型川づくり」をも正しくは理解していないことになる。

　近自然河川工法（多自然型川づくり）を正しく理解するための手段は、以下の通りである。

1	思想・理念・原則を研究し把握する
2	エキスパートの説明付で、スイス・ドイツなどのよい事例を多く見る
3	エキスパートと徹底的に討論や質疑応答を繰り返す
4	エキスパートたちと一緒にセミナーやワークショップを行う
5	経験豊富なエキスパートたちと実際に川を造る

　近自然河川工法の本質である思想・理念・原則を理解するための手助けとなるものはないか？
　また、限られた時間内でスイスやドイツの現場を見て、エキスパート達の話を聞いた上で、さらにその理解を深めるのに役立つものはないのだろうか？

　多くの文献の中で、近自然工法の核心であるその思想や理念の全体像に触れたものは、残念ながらほとんど見かけない。その本質的な理解のためには、体系的な整理が不可欠でもある。しっかりした思想や理念の裏付けのない実践は、目的地の定まらない航海のようなもので、大変危ない。逆に、実践の伴わない思想・理念も机上の空論と化し虚しいが…

　数少ないエキスパート達がその卓越した直感力に頼って素晴らしい川やまちをつくっている現状からの脱皮をも目指したい。より多くの人々が、その本質を理解した上で、お互いに切磋琢磨しながら近自然工法に取り組まれることを切望する。

　しかしながら、安易なマニュアル化に走ったり、データ偏重主義や科学技術盲信に傾くことに対しても警鐘を鳴らしておきたい。人間の直感力は、教育・経験・哲学・感性などの総体であり、川づくりなどにおいてもやはり不可欠なのだ。人間の創り出す物は、その人の内面の現れであり、その意味からも、自己啓発を欠かすことはできない。

　色々な分野の多くの熱意ある人達が、そのエネルギーを正しい方

向へ結集した時、必ずや素晴らしい物が生まれるはずだ。そんな「道しるべ」の一つをも目指したい。

　本書『近自然工学』は、以上のような動機で書き始めた。

　そういう訳で、河川改修やプランニングにたずさわる行政、ならびにコンサルタントの土木技術者、それら技術者と真の意味での共同作業をすべき生物学、景観工学、造園学、建築学、プランニング、地質学、化学、土木材料などの専門家、実際の施工に当たる建設業、造園業、建材メーカーのプロフェショナルなどを念頭に置いて書いた。
　また将来、新しい川づくり、道づくり、まちづくり、ひいては国づくり、地球づくりに関わることになる、若きエンジニアや学生諸氏のためのテキスト（またはそのたたき台）になることができれば素晴らしい。

　さらに、近自然工法の性格上、生態保護、自然保護、環境保護関係の方々にもお読み頂ければこれほど嬉しいことはないし、その近自然思想の性格上、一般の方々にもお読み頂ければ望外の喜びである。そのため、専門用語に可能な限りの解説を付けるよう心がけた。

目　次　- CONTENTS -

はじめに～21世紀の地球と人類のために～

第1編　思想・理念・原則 …………………………………… 1

Ⅰ.「近自然河川工法」 ……………………………………… 2
1. 語源と語意 ………………………………………………… 2
2.「近自然河川工法」と「多自然型川づくり」 …………… 2
3.「近自然河川工法」という特定の「工法」は存在しない … 3

Ⅱ. 自然と人との共生 ……………………………………… 7
1. 悪化する地球環境 ………………………………………… 7
2. 環境悪化に対する反応 …………………………………… 9
3. 近自然思想・近自然工法・近自然河川工法 …………… 9
4. 我々の目指す世界 ………………………………………… 14

Ⅲ. 川に対する新理念 ……………………………………… 16
1. 地球の水循環システム …………………………………… 16
　～健全な水循環の実現を目指す：水害を減らし、地下水を補給する～
2. 川は生きている …………………………………………… 19
　2.1. 生命の大動脈 ………………………………………… 19
　2.2. 柔構造体 ……………………………………………… 20
　2.3. 成長・変化 …………………………………………… 21
　2.4. 自己浄化力 …………………………………………… 22
　2.5. 自己修復力 …………………………………………… 22
　2.6. 川との対話 …………………………………………… 22
3. 自然は偉大だ ……………………………………………… 23
　3.1. 大自然の秩序・機能・エネルギー効率を人間は到底模倣できない … 23
　3.2. 川は必ず溢れる ……………………………………… 23
4. より大きな次元（点→線→面→立体→時空）からの視点 … 24
　4.1. 点（0次元） …………………………………………… 24
　4.2. 線（一次元） ………………………………………… 24
　4.3. 面（二次元） ………………………………………… 25
　4.4. 立体（三次元） ……………………………………… 25
　4.5. 時空（四次元） ……………………………………… 25
5. 川は土木技術者の専有物ではない ……………………… 25
　～逆に洪水安全性の全責任を土木技術者のみに負わすことは不当～
　5.1. 様々な要素の高度な調和 …………………………… 26
　　～従って、多くの専門家の共同作業

  5.2. 洪水対策も共同作業 27

Ⅳ. 洪水対策　29
 1. 水害の危険性増加 29
 2. 洪水対策の原則と優先順位 29
  2.1. 洪水対策の原則 29
  2.2. 洪水対策の優先順位 30
 3. 正しい維持管理 30
 4. 自然災害を予防するゾーニング 30
  4.1. 空間計画 31
  4.2. 危険の事前回避 32
   ～自然と人とを近自然領域を介して分離～
  4.3. 危険ゾーンの指定 34
  4.4. 危険区域に人命財産が集中している場合以外は河川改修をしない 35
 5. 洪水ピークを落とす努力 35
  5.1. 雨水の川への直接流入を減少・遅延 35
   ～雨水を川へ直接流入させないか、または遅滞させ時間差を付ける～
   5.1.1. 雨水の一時的捕捉と蒸発散とを促進 35
   5.1.2. 雨水の大地への浸透を促進：地表をむやみに遮蔽しない努力 37
   5.1.3. 下水道網を一時的な保水施設として利用（特に都市部において） 38
  5.2. 河川内で洪水ピークを抑圧 38
   ～雨水が川に流入後、川とその周辺でピークをさらに落とす～
   5.2.1. 土地をできるだけ確保 38
   5.2.2. 遊水池の建設 38
   5.2.3. 遊水池として機能する自然または人工の冠水域の確保 39
   5.2.4. 川の近自然化 40
 6. 最後の手段としての土木改修 40

Ⅴ. 河川改修における重視点と目標　41
 1. 洪水安全性 41
 2. 水質 41
  2.1. 汚染物質を出さない（使用しない、回収する） 43
  2.2. 下水道・下水処理場やバッファーゾーン（緩衝帯） 44
  2.3. 川の近自然化による水質浄化 46
 3. ダイナミクス（浸食・堆積・洪水）とモルフォロジー（河川形態） 46
  ～流れの多様性と自然な空間の創生～
 4. エコシステム（生態系） 47
  4.1. なぜエコシステムが重要なのか？ 47
   4.1.1. 生態学的理由 47
   4.1.2. 経済的理由 48
   4.1.3. 精神衛生（心理学/医学）上の理由 48

        4.1.4. 倫理/道徳上の理由 ································ 49
    4.2. 河川エコシステム（河川生態系）とは？ ················ 49
    4.3. パーツからシステムへ、パターンからプロセスへ ········ 50
    4.4. 立地と種の多様性 ···································· 52
    4.5. エコブリッジとエコネットワーク ······················ 52
    4.6. ミティゲーション（環境破壊緩和） ···················· 55
    4.7. ビオトープの創生 ···································· 56
    4.8. レストウォーター（維持流量） ························ 59
    4.9. エコロジーから見た河川改修 ·························· 61
  5. ランドシャフト（景域/景観/風景/風土） ···················· 62
    5.1. ランドシャフトとは？ ································ 62
    5.2. なぜランドシャフトが重要なのか？ ···················· 65
    5.3. 調和のとれたランドシャフトとは？ ···················· 65
  6. 親水性 ··· 66
    ～リクリエーション／保養／アメニティ／冒険／リフレッシュ／リラックス
  7. コスト ··· 67
    ～安く上げることが結果的に環境負荷を低減する～
    7.1. 従来工法よりコストが安い ···························· 67
      7.1.1.「近自然工法はコストが高い」という誤解 ·········· 67
      7.1.2. 従来工法と近自然工法との建設費の比較 ············ 68
    7.2. 高コストの原因 ······································ 69
      7.2.1. オーバー・プロテクト ···························· 69
      7.2.2. オーバー・デコレイト ···························· 69
      7.2.3. ショート・ターム ································ 69
      7.2.4. 石油エネルギーの過剰消費 ························ 70
    7.3. コストの低減法 ······································ 70
      7.3.1 不必要に石を多用しない ··························· 70
      7.3.2. 近自然工法と造園とを取り違えない ················ 71
      7.3.3. 初めから造形しすぎない ·························· 71
      7.3.4. 建設材料は現場調達をベストとする ················ 71
    7.4. コストの原則 ·· 71

VI. 設計原則 ·· 73
  1. マニュアル化（標準化）をしてはいけない ··················· 73
    ～川の個性を尊重する～
  2. 改修は最低限に、しかもソフトに ··························· 74
    ～自然への土木介入は極力避ける～
  3. 川の近自然化は積極的に行う ······························· 74

第 2 編　河川改修 ... 77

Ⅰ. 河川改修プロジェクト ... 78
1. プロジェクトの流れ ... 78
2. プロジェクト・チーム（土木・景観・生態・他）... 79
   - 2.1. 土木工学家 ... 79
   - 2.2. 景観工学家 ... 80
   - 2.3. 生態学家 ... 80
3. ヴィジョンを描く ... 81
4. 事前調査 ... 82
5. 問題点を明らかにする ... 83
6. コンセプト：問題点の優先順位を決める ... 84
7. 設計 ... 85
   - 7.1. 対象別保護目標の設定 ... 86
   - 7.2. 護岸から流線のコントロールへ ... 87
     - 7.2.1. リブ構造の堤防、水制 ... 88
       - ① リブ構造の堤防 ... 88
       - ② 水制 ... 89
     - 7.2.2. フィックス・ポイント、落差、ランプ ... 89
       - ① フィックス・ポイント（河床固定点）... 89
       - ② 落差工、ランプ工（緩傾斜）... 90
   - 7.3. 護岸は帯工を優先し、一律の設計を避ける ... 92
   - 7.4. 掃流土砂の流下バランスと地下水位 ... 92
     - 7.4.1. 掃流土砂の流下バランス ... 92
     - 7.4.2. 浸食と堆積 ... 93
     - 7.4.3. 浸食傾向と堆積傾向 ... 94
     - 7.4.4. 掃流土砂の流下バランス調整 ... 96
     - 7.4.5. 地下水位のコントロール ... 98
   - 7.5. 建設材料の優先順位 ... 99
     〜現場に相応しいソフトで生きた材料を選択
     - 7.5.1. ソフト材 ... 99
     - 7.5.2. コンビ材（ソフト＋ハード）... 101
     - 7.5.3. ハード材 ... 101
   - 7.6. 造形：時が川を創る ... 102
   - 7.7. 設計の練り上げ：意見や利害の対立を克服 ... 106
8. 施工：細部の最終決定は現場で ... 109
9. 竣工後の調査と評価 ... 109
   - 9.1. 土木工学的・生態学的事後調査 ... 109
   - 9.2. 工事の成否判定 ... 110
   - 9.3. 簡便な成否判定法 ... 111
10. 修正：時間をかけて折り合いを付けて行く ... 111

  11. 継続的なモニタリング（土木工学的・生態学的） 112

Ⅱ. UVP（環境調和テスト/環境アセスメント） 113
 1. 事前調査と設計 113
 2. 評価と諮問 114
 3. 改善と認可 114
 4. 抗告／提訴 114

Ⅲ 設計事務所・建設業者の選択と契約 115

第3編　維持管理と清掃 117

Ⅰ. 維持管理 118
 1. 洪水安全性の確保 118
 2. 健全なエコシステムの育成 118
  2.1. 自然からエコシステムを守る 118
  2.2. 人間からエコシステムを守る 119
  2.3. エコシステムの保護・育成としての河川維持管理 120
 3. 「河川維持マニュアル」の一例 121

Ⅱ. 清掃 124

第4編　広報・教育 125

Ⅰ. 広報・啓発 126

Ⅱ. 教育・再教育 128
 1. ジェネラリスト養成 128
 2. 技術者や現場作業員の再教育 128
 3. 若い技術者の養成 130
 4. 日本における課題 130

第5編　歴史と背景 133

Ⅰ. 近代の人口増加と河川改修 134

Ⅱ. 改修のもたらせた水力学的問題 135
 1. ピーク水位の上昇 135

  2．掃流力・浸食力増大と河床沈下：掃流土砂の流下バランスを崩す ……… 136
  3．地下水位の低下と土壌の乾燥化 ……… 136
  4．下流での危険が増大 ……… 137

Ⅲ．環境破壊と種の絶滅 ……… 138
  1．スイスの環境データ ……… 138
  2．近自然領域の必要量 ……… 139
  3．スイス・レッド・データ ……… 139

Ⅳ．近自然河川工法の芽生え ……… 141

Ⅴ．近自然思想の広がり ……… 144
  ～川からプランニングや衣食住エネルギーへ～

Ⅵ．近自然工法成功の背景 ……… 145
  1．自然環境への高い意識 ……… 145
   1.1．美しい自然 ……… 145
   1.2．乏しい地下資源（水がほとんど唯一の資源） ……… 145
   1.3．ゲルマン民族の自然観 ……… 146
   1.4．キリスト教の世界観 ……… 146
   1.5．思考性・合理性・計画性・行動力 ……… 146
  2．技術力 ……… 146
   2.1．エンジニアバイオロジー（土木生物学） ……… 146
   2.2．先進工業国 ……… 147
  3．経済力 ……… 147
   3.1．過去の自然破壊と反省 ……… 147
   3.2．現在の物質的・精神的豊かさ ……… 147
  4．民主国家としての機能 ……… 148
   4.1．直接民主制 ……… 148
   4.2．担当官吏の熱意と実行力 ……… 148
   4.3．住民、市民団体、漁業組合などの叱咤と支援 ……… 148
   4.4．行政の監視機能 ……… 148
  5．時代の後押し ……… 149

第6編　問題点とタブー ……… 151

Ⅰ．問題点 ……… 152
  1．技術者・作業員に関する問題点 ……… 152
  2．土木技術者のみでは川が造れない ……… 153
  3．ジェネラリストが求められている ……… 153

4．一般大衆の啓発が必要 ……………………………………………………… 154
 5．ローテクで手足が汚れる ……………………………………………………… 154
 6．計算が難しい ……………………………………………………………… 154
 7．過去のノウハウが通用しない ………………………………………………… 155
 8．長いタイムスパンを必要とする ……………………………………………… 155
 9．多様な建設材料を必要とする ………………………………………………… 156
10．オーダーメイドの手作り：大会社が不利？ ………………………………… 156
11．設計・施工に時間がかかる可能性がある …………………………………… 156
12．他の役所との連携プレーが不可欠 …………………………………………… 156

Ⅱ．タブー …………………………………………………………………………… 157
 1．「近自然工法」と目に見える「外観」とを取り違えてはならない ………… 157
 2．その他 ……………………………………………………………………… 157

第7編　大きな自然災害に接して ……………………………………………… 159

Ⅰ．スイス：ロイス川の大洪水（1987年）……………………………………… 160

Ⅱ．ヨーロッパ：ライン河の異常増水（1994〜95年）………………………… 163

Ⅲ．日本：阪神大震災（1995年）………………………………………………… 165

Ⅳ．スイス、ドイツ：ライン河、ドナウ河、ローヌ河水系の異常増水（1999年）…… 166

追補1　河川改修の原則 …………………………………………………………… 169

追補2　近自然思想の広がり ……………………………………………………… 179
　　　　〜川からプランニングや衣食住エネルギーへ〜

Ⅰ．都市計画 ………………………………………………………………………… 180
　　〜機能と経済優先から、利便性と快適さの両立へ〜

Ⅱ．建築生物学・建築生態学 ……………………………………………………… 182
　　〜環境・健康・経済性も考慮〜

Ⅲ．エネルギー源 …………………………………………………………………… 184
　　〜環境と経済性へ配慮した総合太陽エネルギー利用への転換

Ⅳ．道路・交通システム計画 ··· 185
　～安全・確実・環境・利用効率などへ配慮した道路造り～
　１．エコプランニング ··· 185
　２．近自然道路工法 ·· 186
　　2.1 道路の理想像 ··· 186
　　2.2 問題点 ··· 186
　　2.3 原因 ·· 187
　　2.4 解決法 ··· 187
　　2.5 近自然道路工法の提案 ·· 188
　　2.6 近自然道路工法の具体策 ··· 191

Ⅴ．近自然農業（有機農法／非集約農法） ··· 195
　～環境へ負荷をかけない農法～
　１．共生思想と農業（持続可能な農業） ·· 196
　２．スイスにおける農業と補助金 ··· 197
　３．農業補助金に対する国外からの批判とスイス農業の体質改善 ······································ 197
　４．農業と環境負荷 ·· 197
　５．環境負荷に対する解決策：有機農法／非集約農法 ·· 198
　６．有機農産物への需要の高まり ··· 199
　７．有機農家は高収入 ··· 199
　８．レフォルムハウス ··· 199
　９．ルドルフ・シュタイナー（1861～1925） ··· 200
　10．パーマカルチャー ··· 200

おわりに ·· 201

引用・参考文献 ··· 205

さくいん ·· 207

[第1編]
思想・理念・原則

【要　約】

近自然河川工法はスイス・ドイツ・オーストリアで生まれた概念で、日本の「多自然型川づくり」も同根だ。そしてそれは、「自然と人との共生」を目指している。

川を新たな理念を通してできるだけ深く理解し、多くの利害関係を専門家チームにより調整・解決する。非常に、合理的・効率的・多面的・経済的な手法である。

I　近自然河川工法

1．語源と語意

日本語の近自然河川工法とは、1984年に日欧近自然河川工法研究会*が命名したものであり、ドイツ語の"Naturnaher Wasserbau"がその語源だ。

その意味するところは、以下の通りである。

> Natur（ナトゥーア）：自然（英語のネイチャー／ナチュラル）
> nah-er（ナーアー）：近い/近付く（英語のニア／クロース）、er は語尾変化
> Wasser（ヴァッサー）：水（英語のウォーター）
> Bau（バウ）：建設（英語のコンストラクション）

英語で表現すれば、

"ニア・ナチュラル・リヴァー・コンストラクション
（Near Natural River Construction）"

または、

"クロース・ネイチャー・リヴァー・コンストラクション
（Close Natur Rive Construction）"

ということになる*。つまり、「自然に近い（自然に近づく）河川改修法」という意味である。

近自然の「近」とは、人間ならびにその活動を暗示する。「人間が一度手を入れて改造してしまった自然は、いくら自然に見せかけても、もはや神の創造物である自然とは呼び得ない。人間の浅知恵は神にはとうてい及ばないのだ。」という、ヨーロッパ人の創造主に対する畏敬の念がこの表現に込められている。

2．「近自然河川工法」と「多自然型川づくり」

「近自然河川工法」は、語源であるドイツ語の意味するところを汲

日欧近自然河川工法研究会
スイス、ドイツ、日本などの近自然工法（河川、道路、交通計画、都市計画、プランニング、ランドシャフト保護、自然保護、野生動物保護、野鳥保護、水質保護、生物・生態学、建築学、森林工学、農学、他）のオピニオン・リーダー達が個人として参加している研究・親睦団体で、1984年以来活発な活動を続けている。

近自然河川工法の英語表記
統一的な表記法はない。
本文表記法の他に、
Nature Oriented River Construction
River Restoration
なども可能。

んだ表現で、スイスやドイツはもちろん、現在では日本においても学術名として認知された一般名称だ。

また、「多自然型川づくり」は日本の建設省河川局の事業名で、1991年11月の建設省全国通達において初めて登場する。

しかし、この二つは元々同根であり、一方は25年以上の歴史があり、他方はまだ10年足らずだ。この経験の長さの違いが内容の相違のように見えているだけだと解釈したい。あるいは、進歩の過程での様々な試行錯誤だとも言えよう。

現時点での、「多自然型川づくり」に対する安易な批判は慎むべきだろう。むしろ「多自然型川づくり」は、10年でよくぞここまで来たとも言えるが、まだまだ学ぶべき事が山ほどあることを忘れてはならない。

3．「近自然河川工法」という特定の「工法」は存在しない

近自然河川工法はスイス、ドイツ、オーストリアを中心として発展している。気象や地理条件、さらには政治・行政機構の異なる日本や他の国々にこの手法がそのまま適応できるとは限らない。否、その原則を正しく理解すれば、そのような表面的な模倣をしてはいけないことが分かるはずだ。

逆に「日本には日本独特のやり方が必要だ」といった、単なる独自性を強調する考えもまたナンセンスだ。スイスだドイツだ日本だという国家の問題ではない。

●表面的模倣で満足してはいけない
●逆に、独自性の強調もナンセンス

個々の川には、地理・地質・気象などの自然条件とそこから発達したエコシステム＊、さらには土地利用や社会システムなど人的条件から、その場に最も相応しい解決策が存在するはずだ。我々がかつて犯してきた過ちは、それを見極めずにすべての川を、すべての

エコシステム
食物連鎖や生態ピラミッドなど多くの動植物が作る共同体とその機能のことで、これなしでは個々の動植物は生きることができない。ここでは、その中で特に河川エコシステム（河川生態系）を指す。大きな意味では、これらを支える、岩石・鉱物・土壌・無機塩などの基盤部をも含める。

道路を、そしてすべての都市村落を一様に扱い、一律に造ってきたことだろう。同じ過ちを二度と繰り返してはならない。

「赤いユニフォームがトレンドではなくなったので、緑のに変えよう」というのではないし、「スイスやドイツが緑のにしたから、日本は青いのでいこう」というのでもない。「ユニフォームそのものを止めよう」というのだ。

特に日本において、コンクリートを止め石積み護岸にすると近自然河川工法だとする誤解がある。ヨーロッパでも、水の浸食力の弱い水裏*には不必要な柳枝工*を採用したものを近自然河川工法と大々的に報道される例も、残念ながらいまだになくならない。

- ●「コンクリート護岸を止めれば近自然工法だ」と考えるのは間違い
- ●「石積み護岸や植生護岸、または伝統工法を採用すれば近自然河川工法だ」と考えるのも間違い

近自然工法とは、自然と人との共生のを実現する「思想・理念・原則」であり、「ソフトウェア」だ。

一般に、形のある工法や材料など「ハードウェア」*のみに目が行き易い。誤解を恐れずに言えば、「近自然工法」とはむしろ思想・手法など「ソフトウェア」*である。

技術的工学的に高いか低いか…、材料的に進んでいるか遅れているか…、などは極言すればあまり大きな問題ではない。これらに拘泥すると重要な本質を見失う。

- ●近自然工法ではツール（工法）の正しい選択、正しい使用法が重要

現実として、近自然工法では空石積み水制*や柳枝工などが護岸*よく採用される。しかしこれらはいわゆる「ツール（道具）」であり、目的そのものではない。

これらを採用しても、本来の目的を達成できなければ意味がないし、ましてや明確な目的が存在しなければ、ツール（工法）の選択は不可能のはずだ。残念ながら、目的の不明確なプロジェクトの何と多いことか…

水裏（みずうら）
川のカーブの内側など水の浸食エネルギーが弱い部分で水衝部（すいしょうぶ）・水表（みずおもて）・川表（かわおもて）に対する表現。
川裏（かわうら）ともいう。

柳枝工（りゅうしこう）
生きたヤナギの枝を護岸などに利用した工法で埋枝工（まいしこう）・埋幹工（まいかんこう）なども類似。

ハードウェア
コンピューターにおける回路や装置などの機械類のことで、単にハードと言うこともある。

ソフトウェア
コンピューターにおいて、装置（ハードウェア）を効率良く動かすためのプログラムとその考え方のことで、単にソフトと言うこともある。

空石積み水制
石と石との間隙を埋めず、ただ組むだけの石組みを空石積みといい、空石積みなどで岸から川の中心線方向へくさび状に突き出て水流を制御する構造物や工法を水制という。複数の水制をグループとして設置するのが正しい使用法。

護岸（ごがん）
水流の持つエネルギーが岸を浸食するのを防ぐこと。堤防が壊れないように、また川が大きく蛇行しないように、川岸の浸食を止める必要がある。

また、ある工法を採用して結果が思わしくなかった場合、それはツールの選択かその使用法が間違いなのであり、目的そのものの問題ではない。

　例えば、木を切ろうとするのにハンマーを使うのは、目的やハンマーが悪いのではなく、ツールの選択が間違いなのだ。それに対して、クギを打つためにハンマーを用いるのは、目的に対して正しいツールの選択だ。しかし、その際に指を打ってしまうのはツールが悪いのではなく、その使用法が悪いのである。

近自然と従来工法の河川用語比較

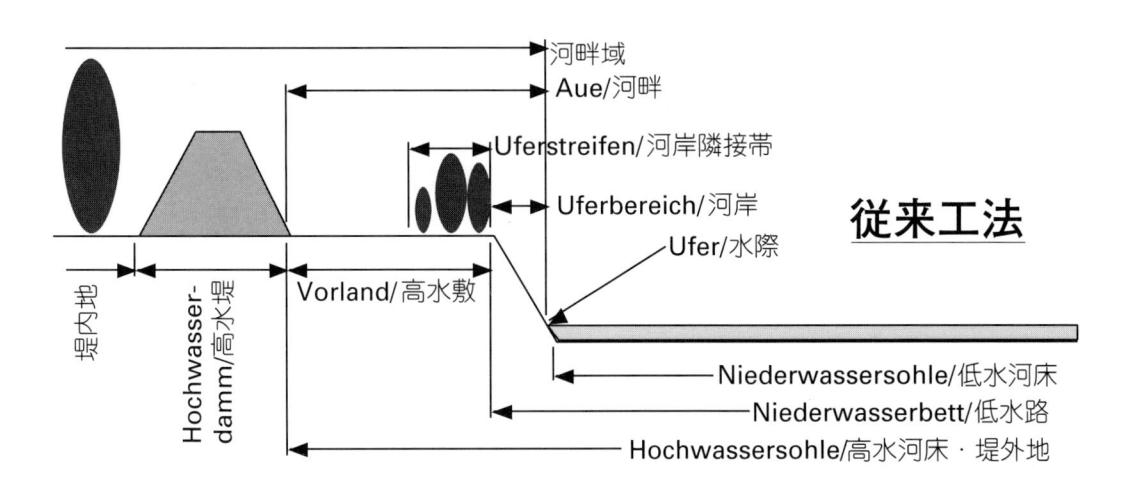

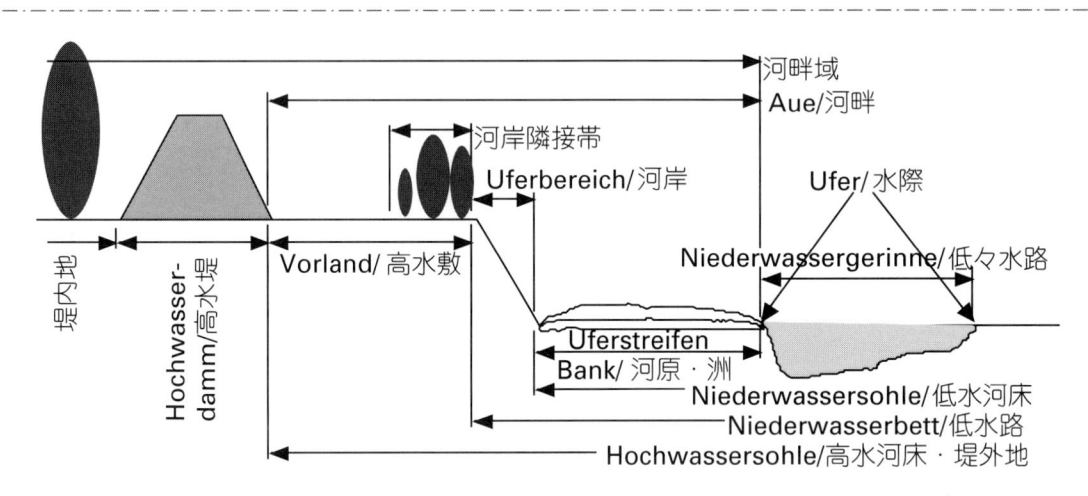

従来工法

堤内地 / Hochwasserdamm/高水堤 / Vorland/高水敷 / Uferstreifen/河岸隣接帯 / Uferbereich/河岸 / Ufer/水際 / Niederwassersohle/低水河床 / Niederwasserbett/低水路 / Hochwassersohle/高水河床・堤外地 / 河畔域 / Aue/河畔

堤内地 / Hochwasserdamm/高水堤 / Vorland/高水敷 / 河岸隣接帯 / Uferbereich/河岸 / Ufer/水際 / Uferstreifen / Bank/河原・洲 / Niederwassergerinne/低々水路 / Niederwassersohle/低水河床 / Niederwasserbett/低水路 / Hochwassersohle/高水河床・堤外地 / 河畔域 / Aue/河畔

近自然工法

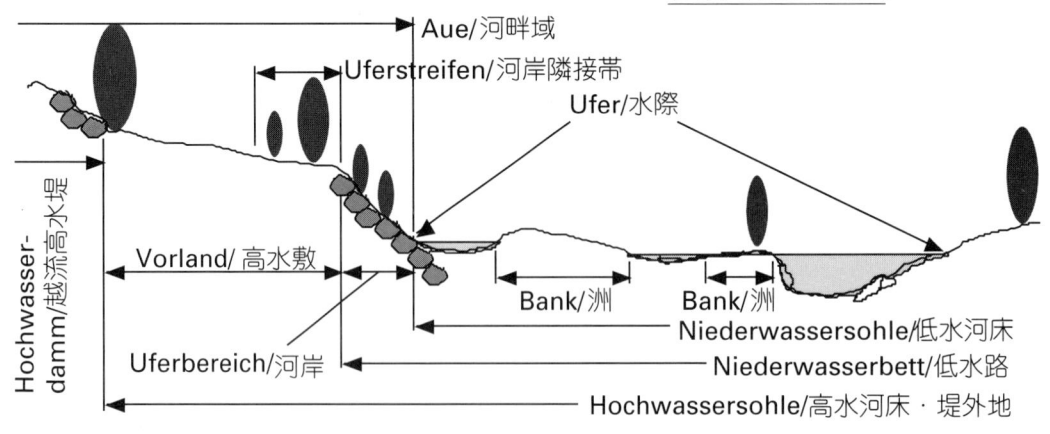

Hochwasserdamm/越流高水堤 / Vorland/高水敷 / Uferbereich/河岸 / Uferstreifen/河岸隣接帯 / Aue/河畔域 / Ufer/水際 / Bank/洲 / Bank/洲 / Niederwassersohle/低水河床 / Niederwasserbett/低水路 / Hochwassersohle/高水河床・堤外地

※基本的概念の異なるものどうしでの用語比較は容易ではない。
厳密には不可能で異論もあろうが、試みとして捉えたい。

第1編 思想・理念・原則

II 自然と人との共生

1. 悪化する地球環境

「自然と人との共生」という目的を達成するために、正しいツール（工法）を選択し、それを正しく使用する手法が「近自然工法」だ環境関係の諸データは、いまだに指数関数的な悪化傾向を示す。

以下に、環境関係の諸データを掲げたが、それらは、いまだに指数関数的な悪化傾向を示す。（資料：リオ環境サミット アジェンダ1992）

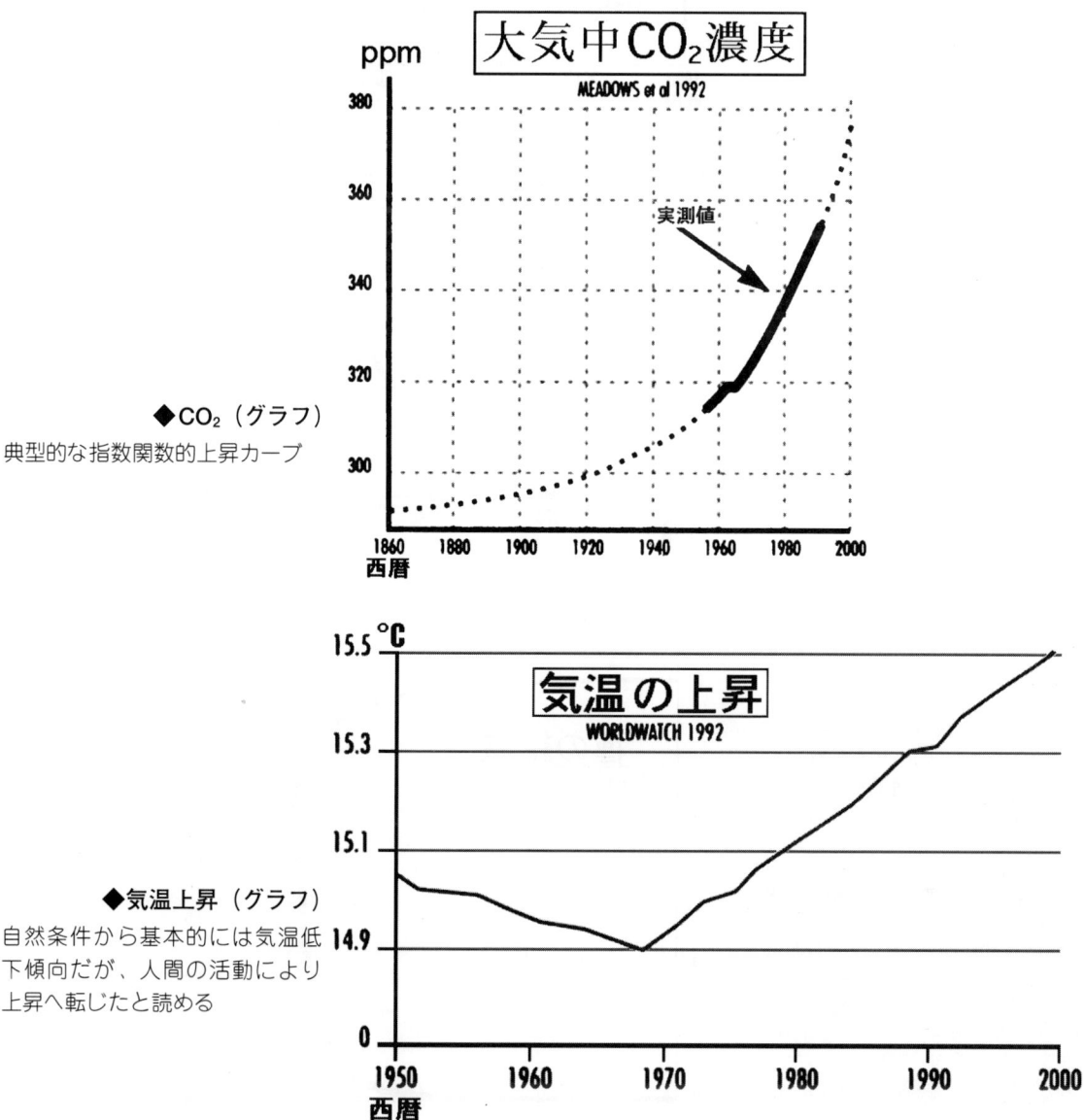

◆CO_2（グラフ）
典型的な指数関数的上昇カーブ

◆気温上昇（グラフ）
自然条件から基本的には気温低下傾向だが、人間の活動により上昇へ転じたと読める

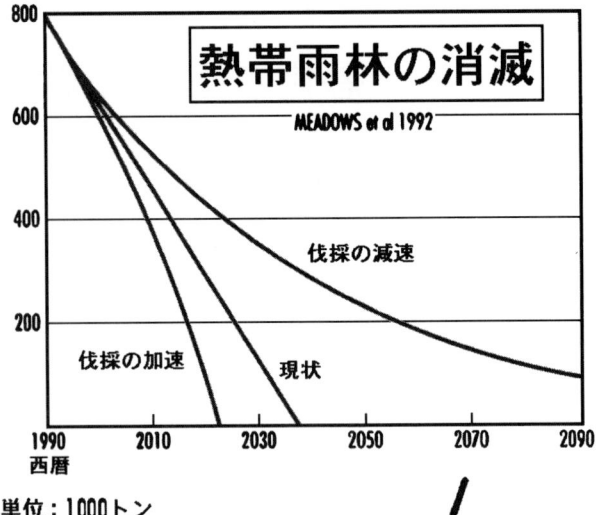

◆熱帯雨林（ジャングル）の減少
現在の伐採速度のまま行けば、西暦2030〜2040年の間に地球上からジャングルが消滅する

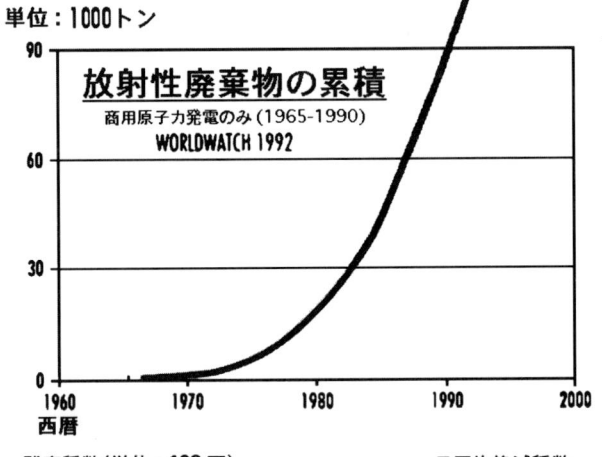

残存面積（単位:100万ha）

熱帯雨林の消滅
MEADOWS et al 1992

伐採の減速
現状
伐採の加速

西暦

◆放射性廃棄物の増加（グラフ）
放射性廃棄物のうち最も危険性の高いのが、放射能の半減期が数年から数千年のもの

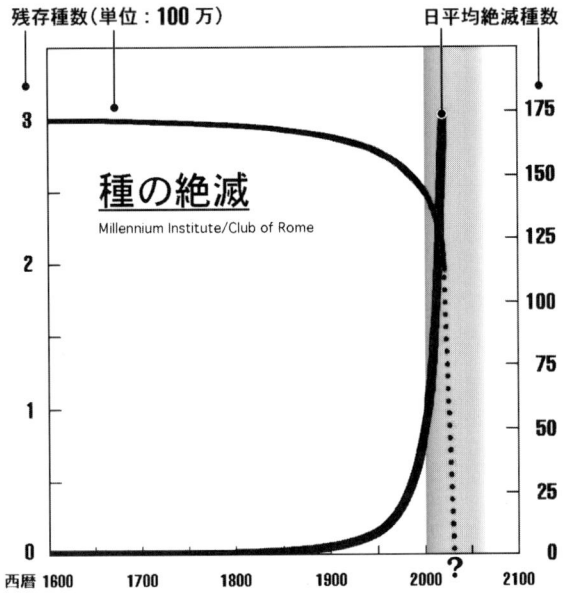

単位：1000トン

放射性廃棄物の累積
商用原子力発電のみ（1965-1990）
WORLDWATCH 1992

西暦

◆種の絶滅

資料：
ファクター4、ローマ・クラブ
新報告書（ドイツ語版）

　地球上での動植物種の確認数は150万とも300万とも言われている。さらに未確認種が8,000万ほどあると推定されている。これは主にジャングルなどでの種数の確認が困難なためだ。ジャングルの消滅はその意味で未確認種も合わせて絶滅へ導く。
　現在、毎日およそ20〜100種が絶滅していると思われる。年間で約7,300〜36,500種。このグラフは急激な立ち上がり示す。推定全数から絶滅数を引いたものが残存数。急降下でゼロへ向かう。

残存種数（単位：100万）　　日平均絶滅種数

種の絶滅
Millennium Institute/Club of Rome

西暦

第1編　思想・理念・原則

動植物種の絶滅データはさらにひどい。

このままでは、地球環境の壊滅と大型動物の完全絶滅とは時間の問題だろう。その原因は言うまでもなく環境を考慮しない人類の活動であり、問題解決のカギを握るのも人類だ。

2．環境悪化に対する反応

12時5分前*という崖淵ぎりぎりの状況で、専門家の間でも反応が大別して三つに分かれる。

12時5分前
地球の終焉を12時とすると、今そのわずか5分前だとするヨーロッパにおける比喩的表現。

地球環境の悪化に対する反応

1	何もしない 何もできない	・地球とその環境を救うのは人類の滅亡だ ・ヒトという種の絶滅は地球の歴史にとって特別なできごとではない ・ここまで環境汚染が進んではすでに手遅れだ
2	自然回帰 昔日回帰	・精神的にも腐りきった現代文明を捨て、心の故郷である自然へ昔へ帰るべきだ
3	近自然 （人と自然との共存・共生を目指す）	・人類の生存と繁栄は善だ ・逆に、人類の衰退と滅亡は悪だ ・現代の物質文明の豊かさにも良さはあり、問題はその無節操さと、これが持続しえない点にある ・豊かさを未来の子孫の代にまで持続させるための対策手法を今始めるべきだ ・自然は単に搾取や敵対すべき対象ではない ・精神的にも自然との遊離から自然と一体化すべきだ ・問題・失敗・病弊を教訓として学ぶことに、人類の前進の可能性がある

3．近自然思想・近自然工法・近自然河川工法

近自然思想：

「地球は一つの生命体であり、しかも今、瀕死の状態にある。この病んでいる生命体の健全化をはかり、そのマクロ・エコシステム（地球生態系）内に生息する、人類を初めとした多くの動植物が調和

して生きるべきだ。そのためには、人類自身が姿勢を正さなければならない。」

我々人類の生活や活動はバランスを崩してしまった。

- 飽食をしながらダイエットに苦心する
- 厚着をしながらクーラーを入れる
- 薄着をしながらヒーターを入れる
- アンバランスな生活をしながら薬を沢山飲む
- 有害物質をどんどん排出しながら浄化対策を取る
- 山の木々をどんどん伐採し、山野を開発造成して川のピーク*を高めながら、洪水対策に膨大な労力と支出をする

数え上げればきりがない。地球にとって今の人類は寄生虫かガンのごときになってしまった。しかし、このままでは宿主を倒してしまい、従って人類も共倒れとなる。

我々の生活の豊かさ・便利さをあまり損なうことなく、如何に問題を解決できるのか？

それは、我々自身の考え方や日常の生活態度を転換することであり、これが近自然思想だ。

近自然思想における発想の転換1

×	○
寄生	共生
略奪利用	持続利用
資本浪費	利子生活
石油エネルギー*	太陽エネルギー*

使っても減らない地球の「利子」とは、地球が毎日毎日受けている太陽からのエネルギーとその最近の蓄積のことだ。ただし、太陽エネルギーとは直接エネルギーの太陽電池（ソラー・パネル）・太陽熱温水器ばかりではなく、水力・風力・波力・バイオマス（動植物）*などの間接エネルギーも含む。

川のピーク
川の著しい増水が洪水だが、最も危険な最大値は、普通、短時間で過ぎ去る。増水の時間変動をグラフ化すると、それは山の頂上（ピーク）のような形をなす。

石油エネルギー
正確には、石油、石炭、天然ガスなど、地球上に有限の化石エネルギーのこと。

太陽エネルギー
正確には、太陽光、太陽熱など直接太陽エネルギーと、風、波、水、バイオマス（動植物）など間接太陽エネルギーの総称。

バイオマス
動植物の総計。
太陽エネルギーで成長する植物はもちろん、それを食べる動物も太陽エネルギーの塊と言える。
故に、非集約農業、近自然林業、自然な水産業、計画狩猟など、太陽エネルギーの有効利用だ。

化石・資源エネルギー
石油、石炭、天然ガスなど化石エネルギーに核エネルギー（原子核分裂、原子核融合）を含めて、資源エネルギーと言う。
埋蔵量に限りがある上、エネルギー利用の際に、大気汚染や放射性廃棄物の蓄積問題など環境負荷が避けられない。

再生・循環エネルギー
太陽エネルギーに地熱、潮汐エネルギーなどを含めて、再生エネルギー／循環エネルギーと言う。
使っても減らず、しかも使用による環境負荷がほとんどない。

　石油エネルギーに代表される化石・資源エネルギー*と、太陽エネルギーに代表される再生・循環エネルギー*とは、エネルギーの性格として本質的に異なる。つまり、集中性と分散性の違いである。故に、今まで石油エネルギーを投入していた場所へ、石油の代わりに太陽エネルギーをいつも導入できるとは限らない。例えば、石油を燃やす火力発電所で、単にソラーパネルを設置して太陽光発電に切り替えることは不可能である。

2種類のエネルギー

化石／資源エネルギー		再生／循環エネルギー	
石油	直接太陽	太陽光	
		太陽熱	
石炭	間接太陽	風力	
		水力	
		波力	
天然ガス		バイオマス	植物：農業・林業・他
			動物：水産業・狩猟・他
			動植物廃棄物
			バイオガス
原子力	他	地熱	
		潮汐*	

潮汐（ちょうせき）
潮の満干（みちひ）のことで、主に地球の自転と月の引力で起こる。海水の干満の水位差をエネルギー源として利用できる。太陽によるエネルギーではないが、使っても減らない再生／循環エネルギーの一つ。

2種類のエネルギーの特徴

	化石／資源エネルギー	再生／循環エネルギー
特徴	集中性	分散性
長所	環境負荷を考慮しなければ安価	環境負荷がほとんどない
短所	環境負荷が大きい	現時点では高価格　社会システムの転換が必要

自然と人の共生

現在の、石油を着て（衣）、石油を食べ（食）、石油の家に住み（住）、石油のエネルギーを使う状態から、太陽を着て、太陽を食べ、太陽の家に住み、太陽のエネルギーを使う状態への脱皮・転換である。

もう一つ重要な点は、物事を総括的に捉え長期的に考えることだ。

近自然思想における発想の転換2

×	○
「パーツ」	「システム」
絶滅危惧種 工法	エコシステム（生態系） 河川システム
「パターン」	「プロセス」
動植物分布	サクセッション（推移）*
庭園	ダイナミックス* （浸食・堆積・洪水）

サクセッション（遷移）
エコシステム（生態系）は時間の経過と共に変化（成長・老化・刷新）を繰り返す。

ダイナミクス
河川の流水の変化（渇水・洪水）、浸食、堆積の恒常的な変動のこと。

近自然工法：
「人類が恒久的に地球上において幸福で充実した生活を送れるよう、人類の活動を自然環境へ調和させる技術手法」

近自然工法は種々の工法からなり、そのひとつが河川工法だ。道路建設、交通計画、都市計画、エネルギー、農業、林業、観光、など様々なものがある。
（近自然河川工法以外は、巻末の「追補2．近自然思想の広がり」参照）

近自然河川工法：
「洪水安全性を十分確保しながら、同時に川の本来あるべき姿や付近のエコシステム（生態系）など、様々な要素にも配慮して行う河川改修法」

地球の水循環
水は地球上を太陽エネルギーによって絶えず循環している。地表や海や森林から蒸発散し、雲になり、雨となって地表へ落ち、川や地下水となって再び海へ戻る。

ここでは、人類の活動によって大きな撹乱（水質汚染、川の洪水ピーク上昇、地下水位の低下、など）を受けている、地球の水循環*を、地球という生命体の大動脈とも言える川などを通して、再び健

第1編　思想・理念・原則

全化することを目標としている。

病んだ地球や川の健康を回復しようとするのは、医学にも相当する。

河川工法と医学

従来工法	近自然工法
病気を治そうとする西洋医学	健康を促進しようとする東洋医学
症状を和らげる対症療法	原因を取り除く病因療法

近自然河川工法では、空石積み水制や柳枝工など、一度忘れられてしまった先人たちの知恵や貴重なアイデアも、再び生かされる。しかしながら、生物・生態学、地理・地質学、気象・物理学など近代自然科学の知識を踏まえ、さらに土木工学、水文学、水力学、流体力学*、景観工学などの近代テクノロジーのバックアップをも得て、初めて実践可能となるものである。

故に、近自然工法は以下のように表現できる。

●先人の知恵と近代科学技術との融合
●テクノロジーとエコロジーとの調和
●自然の摂理に逆らわないテクノロジー
●自然と人との共生
●エコロジー（生態）とエコノミー（経済）の一致

また、石油など化石／資源エネルギーの浪費を出来る限り抑え、太陽エネルギーなど再生／循環エネルギーの最大限の有効利用を目指す。例えば水筋を川に決めてもらい、造形を自然にしてもらったり現場の材料を使用したり、植生の成長を自然に任せる事などである。これがコストを抑え環境への負荷を大きく軽減することになる。

近自然河川工法とは、「太陽エネルギーによる川づくり」
近自然河川工法は、そういう意味から、単なる表面的な法面*緑化や河川造形・デザインの問題でもなければ、昔日回帰や自然回帰

水文学、水力学、流体力学
水文学は地球上の水の特性などを調査研究する学問。
水力学は水の流れの工学的な学問分野で、水理学もほぼ同じ。
流体力学は水など流体の運動やそれが他の物体に及ぼす力などを研究する学問。

法面（のりめん）
堤防・道路・鉄道などの人工的な斜面（土手）のこと

とも根本的に一線を画している。

また、近自然工法は「自然への渇望」や「美への憧憬」という感情・感傷のみに支配されているのではなく（この存在を否定することはできないが…）、「**合理性**」、「**効率性**」、「**多面性**」、「**経済性**」という、もう少し醒めたものである。

「かつて我々の先人達は近自然河川工法を実践していた」という考えは、故に的を得ていない。表面的な形や工法の問題ではないからだ。

近自然河川工法とは先人達の手法・工法のことではない！

4．我々の目指す世界

人と自然とが共生する世界とは、どんなものなのだろう？
具体的な形は、これから我々と次の世代が作っていかなければならない。

目的	・物質的・精神的・環境的豊かさを維持し促進する ・その豊かさを持続させる
問い	・何が本当の豊かさなのか、何が必要で何が不必要な豊かさなのか？ ・どうすれば、その本当の必要な豊かさを長く維持できるのか？
考え方	・浪費や無駄をなくしても、豊かさは損なわれない ・資源やエネルギーの使用料が供給量を大きく上回れば、長期持続できない ・環境汚染や破壊が進行し続ければ、長期持続できない ・物質やエネルギーは正しい場所へ投入しなければならない
提案	・衣食住、エネルギー、交通すべての分野で、石油など化石／資源エネルギー依存から、再生／循環エネルギー利用へと転換する

石油が不必要なのではない。正しい場所への正しい量の投入が必要なのだ。石油を燃やして熱エネルギーを得ることが問題なのだ。

第1編　思想・理念・原則

	×	○
衣	化繊・加工	ナチュラル・ウェア
食	季節外れ・遠距離輸送 加工・冷凍・集約農法	季節もの・産地近郊消費 無加工・有機農法
住	外材・新建材	バイビオロギー （建築生物学・建築生態学）
エネルギー	石油エネルギー	太陽エネルギー
交通	自家用車	適材適所 公共交通重視 ガソリン車低減
工法	従来工法	近自然工法

● 環境破壊・環境汚染の進行を止める

無節操、無配慮な開発造成や建設を止める。正しい土地利用計画と、建設に際してのミティゲーション（環境破壊緩和）手法を徹底する。

● 資源・エネルギーの適材適所を徹底させる

石油は何に使うのか？家は何で建てるべきか？アルミ材は何に使うべきか？暖房給湯はどのエネルギーを使うのか？車や飛行機はどうあるべきか？

● 本当の豊かさ・便利さ・快適さと無関係な、浪費や無駄をなくす

家や家具を木材で造っても、紙を再利用しても、食事を食べるだけよそっても、過剰包装を止めても、豊かさは損なわれない。人のいない部屋の電気を消しても、歯磨きの途中で水道を止めても、駐車中にエンジンを切っても、ドアを手で開けても、不便さはない。少し暑ければ窓を開け、少し寒ければセーターを着ても、快適さは損なわれない。などなど…

● 正しいコスト計算をし、正しい価格設定をする

加害者負担原則を導入：トラック輸送やフライトが安いのは、南米の牛肉や熱帯の木材が安いのは、火力や原子力による電気が安いのは、環境破壊対策費を他の者が税金の形で負担しているからだ。
受益者負担原則を導入：ある建設が特定の住民のために必要なら、それによって受益する住民・団体・市町村がその費用を負担する。

● 問題は元から断つ

環境汚染対策は、浄化より汚染物質を出さない努力をすべき。
洪水対策は、堤防を高めるより、森林を守り、無配慮な開発造成を避けるべき

Ⅲ 川に対する新理念

1. 地球の水循環システム

健全な水循環の実現を目指す：水害を減らし、地下水を補給する。

ここ100年余りの人類の目覚ましい（反面、無節操な！）活動（河川改修、都市開発、土木建設、集約農業、針葉樹の植林*など）は、森林を伐採*し、地表を遮蔽*し、大型トラクターなどで表土を踏み固め*土壌の保水能力を極端に低下させた。その結果として河川のピークが著しく高まり、地下水位は逆に低下してしまった。渇水期には、川は本来地下水から水の供給を受けていたが、地下水位の低下でこれも機能しなくなった。

<u>針葉樹の植林</u>
成長が速いため、経済的理由から日本ではスギをヨーロッパではドイツトウヒを植林した。

<u>森林を伐採</u>
森林は葉や幹、そして土中に大きな保水力を持ち、天然のプールと言える。また、一時的に樹葉に捕捉された雨水は、少しずつ地表にたれ地中に浸透できる。森林の伐採によって、これらすべてが機能しなくなると、雨水が地表を一気に川へ流入し、洪水ピークを高め、地下水を減少させる。

河川と地下水位

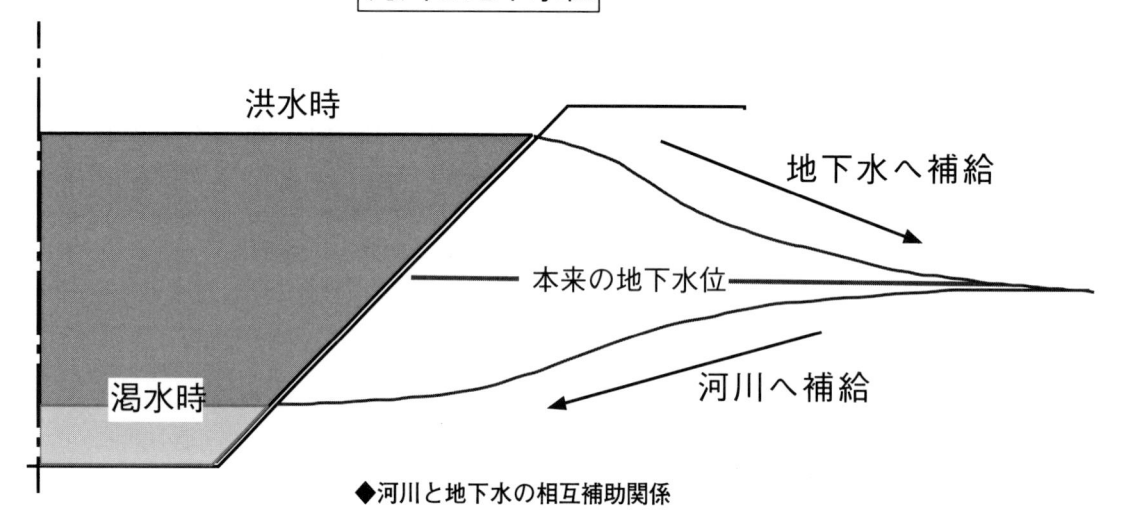

（図：洪水時、渇水時、本来の地下水位、地下水へ補給、河川へ補給）

◆**河川と地下水の相互補助関係**
河川水位が地下水位より高ければ（洪水時）、河川の水は地下水へ補給され、河川水位が地下水位より低ければ（渇水時）、地下水は河川へ補給される。

<u>地表を遮蔽（しゃへい）</u>
建物や道路が地表を遮蔽すると、雨水の地下浸透が阻害され、地表を流れて川へ流入する。すると川の洪水ピークを高める。

<u>表土を踏み固め</u>
スポンジ状の表土は、トラクターなど重量マシーンによって踏み固められると、水分を吸収し保持することができなくなる。

水は太陽からのエネルギーによって、地球上を大きく循環している。今やこの健全な水の循環が大きく阻害されており、そのため多くの好ましくない状況が、至る所で生じている。

水循環：太古

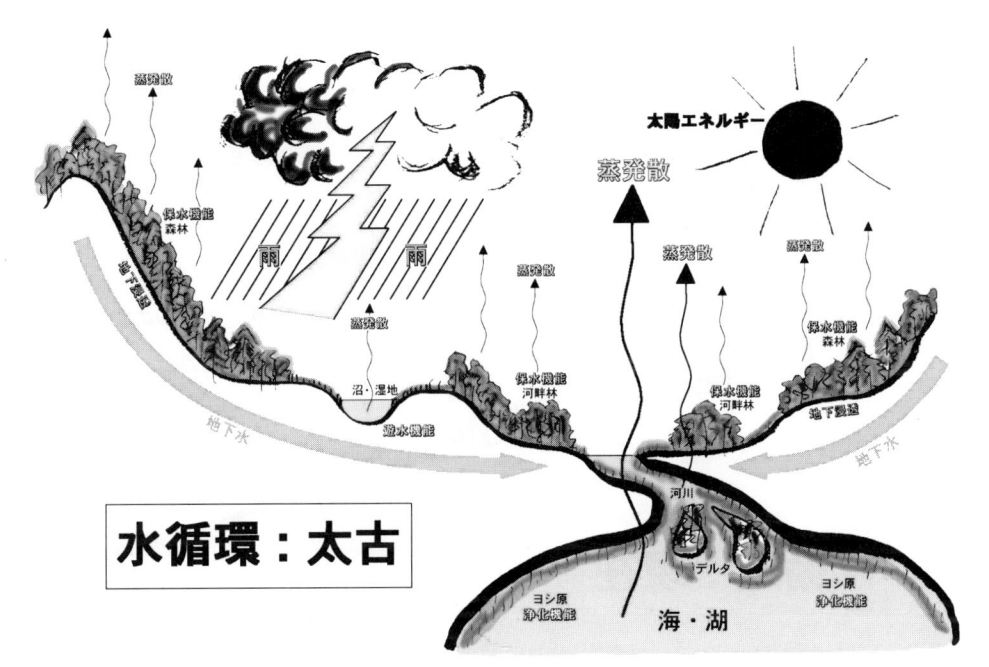

◆水循環システムの変転：太古

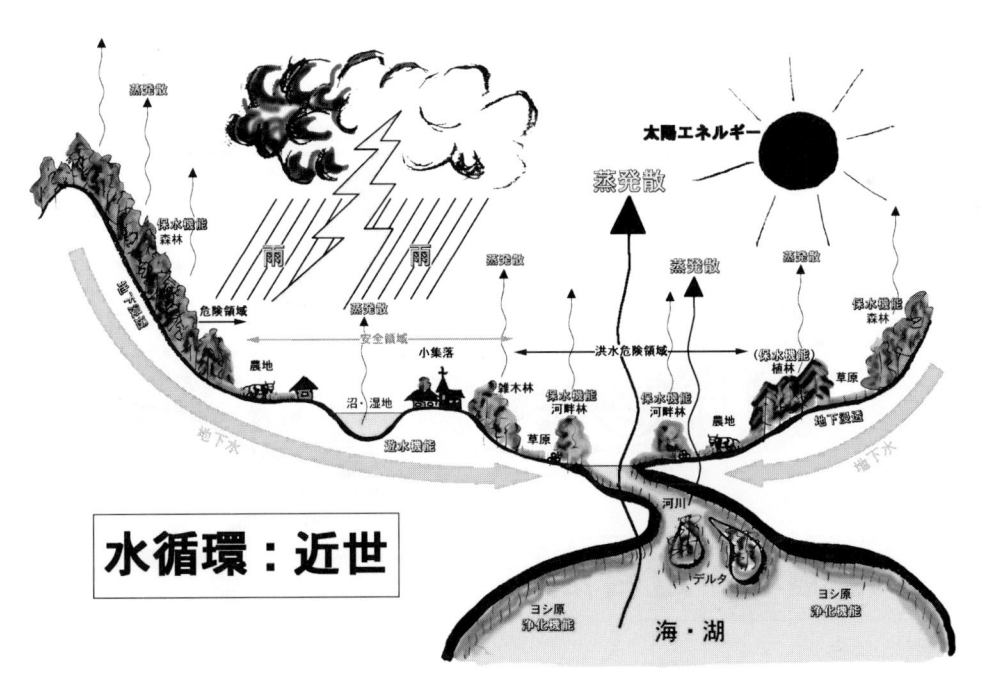

水循環：近世

◆水循環システムの変転：近世
先人達は自然災害を減らす意味からも、自然を大きく改変しないように自らの活動を制限してきた。

Ⅲ 川に対する新理念

水循環：現在

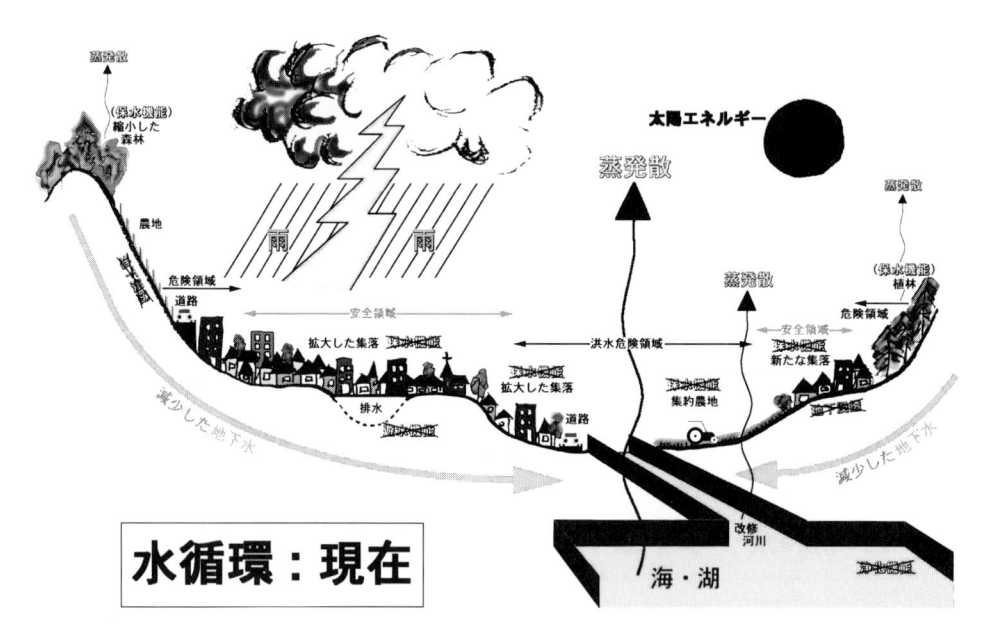

◆水循環システムの変転：現在
利便性や経済性のみを優先させ自然を大きく改変した結果、自然災害を増加させ、今度は防衛の意味からまた自然を改変する悪循環に陥った。

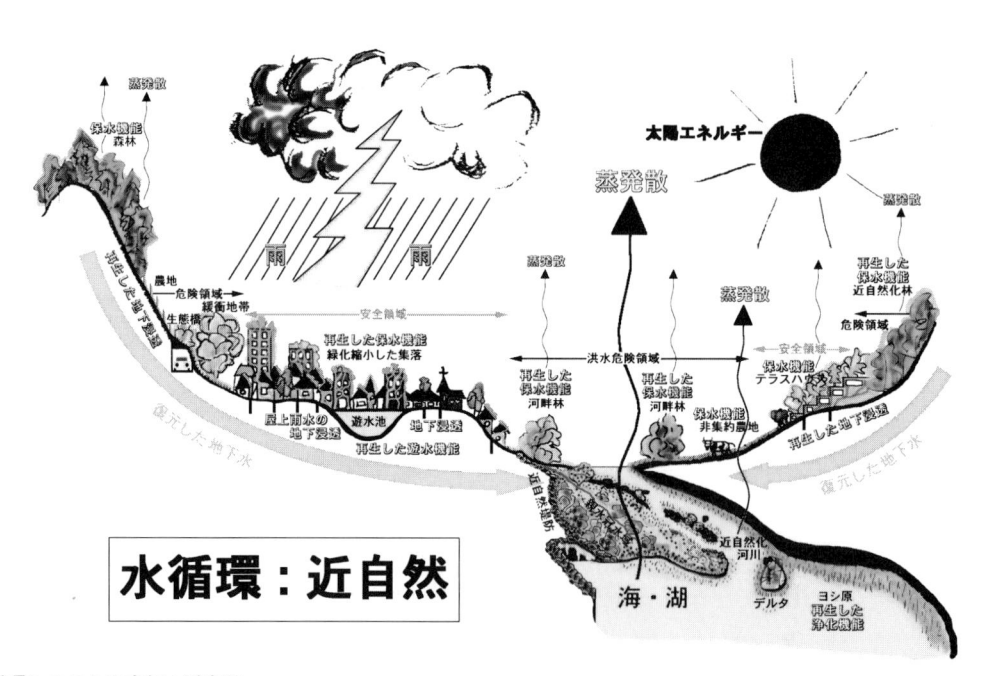

水循環：近自然

◆水循環システムの変転：近自然
利便性を大きく損なうことなく自然への侵害を最小限に抑え、最終的に人間にも有利なように改善していく必要がある。

水循環阻害による問題点
- ●より大きな洪水の危険性（規模と頻度）
- ●より大きな崖崩れの危険性
- ●地下水不足
- ●動植物相の変化・絶滅
- ●豊かな表土の流出
- ●砂漠化
- ●気象の変化

現在我々は、これらの諸問題を抜本的に解決する必要に迫られている。それは、《健全な「地球の水循環システム」の復元》であり、具体的には、森林の育成、屋上緑化、冠水域／遊水域*の確保などであり、雨水が本来あるべき所へ本来の状態で行くのをできるだけ妨げないようにする必要がある。（「Ⅳ. 洪水対策」の項参照）

> **冠水域（かんすいいき）**
> **遊水域（ゆうすいいき）**
> 洪水の時に水が川から溢れて冠水する領域で、洪水ピークの水が一時的に溜まってピークが鈍化するために、遊水池としての効果を持つ。つまり、そこから下流での安全性が高まる。

2. 川は生きている

「川は生きている」と、日本では古来より言われ続けてきた。

しかし、近代科学技術の波が河川土木工学の分野にも及ぶに至り、この表現は死語と化してしまったかのようだ。つまり、川を「水という液体と掃流土砂*という固体とが流下する水路」と見なして計算し、改修することが当たり前となったわけだ。そして、家庭排水や工場排水を川へ流すことに人々は痛みを覚えなくなってしまった。日本人の心の中で「川は死んだ」のだろうか？

> **掃流土砂（そうりゅうどしゃ）**
> 川底を流れる砂や礫などの物質の総称。重量があって川底を流れるものを掃流物という。

2.1. 生命の大動脈
～多様で個性的な河川エコシステム～

川とその周辺には、熱帯雨林（ジャングル）に準じて、最も多くの動植物種が生息している。つまり、川は水水文・水力学的に「生きている」というだけではなく、実際に人間を含めた多くの生物が生息する大きなエコシステム（生態系）を内包した「生き物」なのである。

近自然河川工法では、この点を認識尊重する。

つまり、《川への認識を、「工事現場・釣り場」から「人間を含めた多様な生物のハビタート（生息空間）」へと転換する》ことである。

　河川改修においては、できるだけ広くの土地を川のために確保した上で、自然が造形を自分でできるような自由度を与える。周囲の状況が許すなら放置する。自然な結果として、川のモルフォロジー*（河川形態）が多様化し、流れが変化に富み、さらに豊かな（多様な）自然生態系が驚くほどのスピードで再生復活するだろう。

　またどこでも、その川ならではの個性豊かな表情をもっている。日本でしばしば見受けられる、「桜堤 + ホタル護岸 + アユ釣り」といった、「三種の神器」的な画一化とは一線を画する。画一化思考は専門家の側ばかりではなく、住民の側にも存在する。典型的なのが、「反害虫 + 反雑草* + 反ヤブ・反野原」だろう。

　「住民の要望だから…」、という説明を担当者から聞くが、自然から遊離してしまった住民の要望を、ただ闇雲に受け入れてはならない。正しい啓発が不可欠なゆえんである。

川のモルフォロジー
モルフォロジーとは元々は形態学の意だが、ここでは、蛇行、早瀬、淵、直壁、洲、滝、水際線、水陸過渡領域（移行帯）などの構造・要素による川の形態を指す。本来の自然の状態に近いほど健全で、人工的なほど不健全。故に、単に人工的に多様化すれば良いというものではない。

害虫、雑草
害虫や雑草は人間がその時の損益で勝手に判断するもの。アリは屍骸を片付けてくれると益虫で、家に穴をあけると害虫となる。

2.2. 柔構造体〜外乱に強い：つまり安全〜

　コンクリート護岸に代表される従来手法は多くが剛構造体である。それに対して、自然の川や近自然工法で頻繁に用いられる工法は、植生護岸にせよ空石積み水制（写真1-01）にせよ、柔構造で大きな対照をなしている。

　剛構造体は破壊までは身じろぎもせず、大変心強いのだが、一旦外力が破壊点に到達すると、一気に崩壊する。また、地震のような大きな曲げや捻れに対して意外にもろい面がある。

　それに対して、柔構造体は外力に応じてたわみ、例えば石積みが崩れるようなことがあっても、次のバランスを自分で取り直すことができる。うまく造ると最終的な崩壊点は意外に高い。

●写真1-01

■空石積み水制（チューリッヒ州トゥール川・1994年施工）
　石積み水制は、そのノウハウが一度失われてしまった古くて新しい工法だ。技術的要求とエコロジーとの妥協点を模索する時、特に空石積み水制は救世主となり得る。

2.3. 成長・変化
～しだいに本来あるべき姿に収まり、強靭になる～

生命体は成長し、変化する。
　水辺の植生は文字どおり生き物であり、成長する。時間の経過と共に植生はその根を深く広げ、堤防をしっかりと固定していく（**写真1‐02～05**）。

●写真1‐02

●写真1‐03

●写真1‐04

●写真1‐05

■竣工後の変化／チューリッヒ州レピッシュ川
　●写真1‐02　工事前
　●写真1‐03　工事中（1985年）
　　　根固め（水際の巨石列）と床止めを撤去し、河道を2倍に拡幅した。それ以外何もしなかったのかというと、そうではない。コンクリート製の横一列の床止めに代わって、河床下へ石積みの弓状床止めを埋め込み、要所要所にはヤナギの挿し木による植生護岸を施してある。
　●写真1‐04　竣工半年後（1986年）
　　　草木の成長が始まる。
　●写真1‐05　竣工11年後（1997年）
　　　洪水が数回通ることにより、自然の摂理による浸食・堆積が起こり水筋が決まる。自然な瀬と淵が生じ、魚も増えた。ヤナギを初めとした植生も繁茂して、同じ場所とはとても思えない。

2.4. 自己浄化力

　近自然工法で改修された川は、自然の川に準じてモルフォロジー（河川形態）上も多様となる。流れは蛇行し、瀬や淵、浸食直壁*や州*、さらには水陸移行帯*が生まれる。また、流れの多様化によって水中の酸素含有量が増え、バクテリアの有機物分解作用が促進される。近自然の川は構造や流れが多様であり、枯葉や枯れ枝などの有機物が引っかかりやすくて長時間滞留するため、バクテリアの有機物分解のために十分な時間を提供する。さらに、水辺や水中に繁茂する水草の根により、水中や土中の有機物や重金属などの汚染物質が吸い上げられる。またヨシ原など繁茂した水草には細菌類（病原菌）のフィルタリング効果があるため、水質浄化に大きく貢献する。

2.5. 自己修復力

　生き物には必ず新陳代謝がある。
　生きた川（水際に植生のある、または植生護岸の川）では、洪水などによる浸食が生じても、小さな損傷であれば自己修復する能力も持っている（もちろん過信はできないが…）。

2.6. 川との対話

　川には、自然の摂理に則った自己主張がある。我々人間の側にも、安全性確保や土地利用の面からの強い自己主張がある。この両主張は往々にして対立し、そこから川の側にも、人間の側にも不利益が生じる。
　川を生き物として認めたとき、それとの対話はむしろ必然だろう。しかも、年月をかけてじっくりと対話していきたい。それが災害を軽減するなど、人間の側にも利益をもたらすことになる。
　川やひいては自然の摂理に逆らわないことが、エコシステム（生態系）にも有利で、また美しくもあり、さらに人間にとって安全で経済的でもある。

浸食直壁
洪水の浸食によって河岸にできる直壁で、カワセミの営巣地となる。近年、河川改修により極端に減少した。

洲（す）
礫（れき）や砂が一時的に堆積してできるもので、コチドリの重要な営巣地となる。近年、河川改修により激減した。

水陸移行帯
水から陸への過渡領域で、エコトーンも同義。水位が上がれば水没し、下がれば陸となるあいまいな部分。水深が次第に深くなっていく沿岸帯（海でいえば大陸棚に相当）を含めることもある。河川改修の技術的見地から無視されてきたが、動植物種が多様でエコロジー上大変重要。
森から草原への移行帯/エコトーンである森林縁も同様に重要。

3. 自然は偉大だ

3.1. 大自然の秩序・機能・エネルギー効率を人間は到底模倣できない

　我々人間の知識には限りがある。近代科学技術の進歩が多くの恩恵をもたらせたとは言え、この宇宙の仕組み・現象を何一つとして説明できてはいない。様々な観察から、この世界にはこれこれの法則・規則があるようだと、色々な仮説を並べ立てているだけであり、しかもその仮説が、どんどん変わっていく。

　地球という複雑な生命体への認識もしかりだ。我々はいまだに何も知らない。その知らない人間がいくら知恵を絞って自然な川を造ろうとしても、それはせいぜい自然の表面的な模倣にしかなり得ない。

　我々は、自らの無知を知るべきである。知らないことに、もう少し謙虚になろう。40億年以上かけて築き上げた自然のバランスは、エネルギー効率の面からも素晴らしく、人間の模倣の到底及ばないものだ。

　自然の力をもっと借りよう、利用しよう。それが、《近自然》工法なのだ。

3.2. 川は必ず溢れる

<u>100年確率の洪水</u>
計算上・歴史的統計上、100年に一度の確率で起こるとされる規模の洪水で、都市はこれに対して堤防で守られるのが日本でもヨーロッパでも一般的だ。堤防はかなり大規模となる。
なお洪水とは、増水と溢水（いっすい：堤防を越えて溢れる）の総称。

　100年確率の洪水*に対して堤防を築いても、200年確率の洪水が明日来るかもしれない。200年確率の洪水に対して堤防を築いても、500年確率の洪水はいつか必ず来る。これではきりがない。川はいかに守っても必ず溢れるという前提で対策を立てるべきだろう。重要なのは高い堤防を築くことではなく、最終的に人命財産の損出を可能な限り低く抑えることだ。

　経済性の面から見ても、例えば、100年に一度の5千万円の水害のために、河川改修に2億円を投資することには疑問もある（もちろん、人命が失われる場合は別だが…）。

洪水対策とは、従って河川事業だけに留まらない。(「Ⅳ. 洪水対策」の項参照)

4．より大きな次元
　　（点→線→面→立体→時空）からの視点

川を時空という四次元で把握

次元	形	河　川
0	点	改修点とその周辺のみ
1	線	源流から河口まで
2	面	流域
3	立体	地下水やインターフローから河畔の樹木や大気まで
4	時空	過去から現在さらに未来への時間・歴史の経過：エコシステムのサクセッション（遷移）やダイナクス（浸食・堆積・洪水）のプロセスを考慮

4.1. 点（0次元）

　川は多様な要素が複雑に絡み合って機能している。この川という生き物を把握するためには、その全体像を掴まなければならない。川のある部分に問題がある場合、その点（0次元）ばかりを見ていては、本当の理解は不可能であり、従って、適切な解決策を見付けることも叶わない。その周辺（特にエコシステム）を調査することは、最近では常識になってきている。しかし、それだけではその川を本当に理解するためには不十分である。

4.2. 線（一次元）

　源流から河口までを一本の線（一次元）として見ると、今まで見過ごした様々な連関*が理解できる。魚・ベントス*の遡上や回遊*、また川の連続性の問題は、川を点（0次元）で見てきたことに起因する。

連関（れんかん）
いくつかの物事が深いつながりで結ばれて、全体として調和統一していること。関連と同義の哲学用語。

ベントス（Benthos）
底生生物のことで、水底に生息する生物の総称。淡水性では、カゲロウ、トビケラ、カワゲラの幼虫、ザリガニ、貝類、藻類など。底生動物は洪水時に川下へ流されるため、遡上本能を持つ。エコシステム、食物連鎖の重要な一部をなし、堰（せき）に魚道（魚のためだけ）を造っても、問題は残る。

遡上や回遊
遡上は、魚類や底生動物が本能として川を遡ること。魚は主に産卵のため、底生動物は個体数の復活のため。
回遊は魚類の本能で、餌とテリトリーの確保を目的とする。マス（ブラウントラウト）の場合、毎日2～3kmを移動する。

4.3. 面（二次元）

　次元を横へも広げ、川をその流域という面（二次元）で見る。すると、ある場所の洪水や河床浸食の問題が、流域の森林伐採や都市・道路などの不用意な開発・建設、不適切な土地利用、さらにはダム建設などに原因していたりすることが明らかになるかもしれない。

　特に川を動植物のハビタート*（生息空間）として見た場合、周辺部との平面的なつながりは忘れることができない。

4.4. 立体（三次元）

　川と地下水や伏流水*・インターフロー（中間流）*との相互補助関係や、河畔*の水や養分の貯蔵能力、水面や河畔林／水辺林から大気中への蒸発散効果などをも含めて立体（三次元）して川を見ていくと、その全体像により迫ることができよう。地表へ露出している川は、大きな水の流れや営みのほんの一部なのだ。故に、地下水の状態を把握せずに河川改修をするのは、かなり無謀な事と言わなければならない。

4.5. 時空（四次元）

　過去から現在・未来への歴史的経過という時間軸をも含めた時空（四次元）で見た場合には、一体どんな河川像が浮かび上がってくるのだろう？

　かつて川はどうだったのか、将来どうなるのか、どうしたいのか？

　今までのような、「時間軸を固定して川のどこにどんな要素・構造があるのか、動植物種が生息しているのか、を調査・評価し、どこをどう守るのか、また変えるのかを決める」という、パーツやパターン認識・評価・設計から、「時間の経過を考慮した、川のダイナミクス（浸食・堆積・洪水）やモルフォロジー（河川形態）、さらにエコシステム（生態系）のサクセッション（遷移）を見越し対応する」という、システムやプロセス認識・評価・設計への転換が重要とな

ハビタート
生息空間のこと。ラテン語ハビターレ（住む）が語源。類似語の立地は、動植物の生息空間の条件を指す。

伏流水（ふくりゅうすい）
河川水と地下水との間の流水で、河川の水が浸透性の良い地質内を潜流しているもの。

インターフロー（中間流）
表土中または直下の降雨後の一時的な水流で養分や汚染物質を多く含む。伏流水の一部を含めることもある。

河畔
エコロジーや水収支から見て洪水の度に冠水する川の周辺領域のこと。
河畔域、河岸帯、冠水域、氾濫源もほぼ同義。

ってくる。つまり、「パーツからシステムへ、パターンからプロセスへの進化」ということである。

時間経過を考慮したシステム＋プロセスへの進化

	旧 パーツ、パターン	新 システム、プロセス
河川設計	工法 造形	ダイナミクス（浸食・堆積・洪水） モルフォロジー（河川形態）の変転遷移
エコロジー	貴重種 生息分布	エコシステム（生態系） サクセッション（遷移）

　改修現場のミクロコスモス（小宇宙）の今を詳細に理解することと同時に、マクロコスモス（大宇宙）の悠久の時を俯瞰することとは、同様に重要である。

　場当たり的ではない、抜本的解決策を見付けようとするなら、この広く深く長期的な視野は不可欠となる。

5．川は土木技術者の専有物ではない
〜逆に洪水安全性の全責任を土木技術者のみに負わすことは不当〜

5.1. 様々な要素の高度な調和
〜従って、多くの専門家の共同作業〜

　かつて、河川改修は洪水安全性の確保だけを実現すれば良かった。今日、川には多様な利害関係が絡む。

川に絡む利害と興味
●周辺の土地利用の集約化
●より大きな洪水安全性の確保
●水質改善
●自然保護（環境保護、エコシステム保護）の促進
●ランドシャフトの保護と改善
●親水性の確保と改善

●経済効果
●他

洪水安全性、水質、エコシステム（生態系）、ランドシャフト*（景域／景観／風景／風土）、親水性*（リクリエーション／保養／アメニティ／冒険／リフレッシュ／リラックス）への配慮など、川に求められる様々な要求を、近自然の川は高度に満たさなければならない。

また視点を変えて人間の内面をも見るなら、精神的平穏・充足感・故郷への帰属感など、自然の川の本来持っている心理面での大きな貢献も忘れてはならない。

このように、川に対する非常に広範囲な要求や利害関係から、従来の、土木技術者のみが関わっていた河川改修のやり方は、とても無理がある。土木技術者は、人命財産を守るという大きな責任を再認識した上で、多くの他の分野の専門家と、河川改修に際して協力する必要がある。

特にスイス/チューリッヒ州やドイツ/バイエルン州では、河川改修プロジェクトにおいて、土木技術者の他に景観工学家と生物（生態）学家の最低3名の参加がないと、プロジェクト・チームとして認められない*。
20年以上の経験から、この3名が協力すると上の複雑な条件を満たす良い川ができることを学んだからだ。
（「第2編．河川改修、Ⅰ．河川改修プロジェクト、2．プロジェクト・チーム（土木・景観・生物・他）」の項参照）

5.2. 洪水対策も共同作業

従来、洪水安全性の確保は土木技術者ひとりの責任に課せられていた。しかし、多くの役所や住民が一致団結団結して問題に当たった方が確実であり、経済的でもある。コンセンサス（合意）を得るのにやや手間取るのは事実だが、様々な利害関係者の対立の中で問題を解決しなければならないより、はるかに易しい。

ランドシャフト
人間が五感プラス心で認識する内外世界の総体。日本語訳が不可能なので、仮に景域/景観/風景/風土とする。英語のランドスケープと基本的に同根だが、近年、解釈が深まっている。

親水性
本来は住民が水辺に近付けることだが、同時に、そこで楽しみ心身を癒すという目的も含む。（リクリエーション／保養／アメニティ／冒険／リフレッシュ／リラックス）

プロジェクト・チーム構成員
当時の河川維持監督課長クリスティアン・ゲルディーが、1983年チューリッヒ州建設局の建設要綱（指針）として決定した。

また住民の側も、「安全性（特に洪水安全性）は行政から自動的にしかも当然の権利として無制限に与えられるものだ」という幻想を払拭しなければならない。

Ⅳ 洪水対策

1. 水害の危険性増加

水害は洪水による人命や財産の損害だ。被害がなければ、洪水は問題とならない。近年、洪水による被害が大きくなっているが、それには理由がある。

水害増加の要因

1	洪水ピークの上昇	森林伐採、山野の開発造成、市街地の拡大、広範囲な道路建設、農地の集約化、河川改修、湿原の排水消滅、などによる
2	川の流下能力の低下	堆積を放置
3	護岸老朽化	固い護岸は強度が低下する
4	周辺の都市化と土地利用の集約化	周辺の人口過密化と設備への投資が進んだ

このうち河川内で対処できるのは、2と3のみだ。つまり、河川内だけで洪水問題の抜本的解決はできない。

2. 洪水対策の原則と優先順位

特にスイスでは以下の原則と優先順位とに従って洪水対策を行う。

2.1. 洪水対策の原則

スイス・ドイツにおける洪水対策の原則（順不同）

洪水プロセスの識別	洪水の真の原因は多様で、その対策も多様
リスク／残留リスク管理	どれほどの洪水が来れば何が起こり得るのか事前に把握し対策する
洪水対策の優先順位	連邦法によって規定（スイスの場合）
残留別保護目標の設定*	どこをどれだけ守るのか、場所ごとに決める（「第2編 河川改修、Ⅰ.河川改修プロジェクト、7.設計、7.1.対象別保護目標の設定」の項参照
掃流土砂の流下バランス	河岸や河床の浸食と堆積とのバランスを取る
冠水域の確保*と保全	森林、河畔林、草原、旧河道、農地、駐車場、道路、公園、グランド、キャンプ場、市街地内下水道網など
近自然河川工法で改修	洪水安全性とともに、健全な水の循環、エコシステム、ランドシャフト、親水性などへの配慮は不可欠
極端な大洪水も考慮	計測、予測、警報、避難、救助システム

対象別保護目標の設定
どの地域をどれほどの洪水から守るのが必要性と経済性から妥当か、予め明確に決定すること。

冠水域の確保
洪水の際に冠水する地域が冠水域。川は元々そういう地域を周辺に持っていたが、人間の土地利用への要求が強まると同時に急速に消滅した。洪水がここへ一時的に溢れると、洪水ピークの鈍化により下流の危険性が減少する。

河積（かせき）
川の横断面積のことで、川が流すことのできる水量（流下能力）を決定する重要な要因のひとつ。河積断面も同義。

ゾーニング
住み分け、土地利用計画のことで、どの区域を何の目的に使うのが相応しいか、予め熟考し決める。これにより、危険を避け、開発による自然破壊を食い止めることができるため、両者にとって利益となる。スイス、ドイツでは大変綿密で厳しい規制が設けられている。（法的強制力がなければ、本来何の意味もない。）これに違反して家などを建てると、期限付の撤去命令が裁判所から出され、従わないと強制撤去され経費を請求される。

2.2. 洪水対策の優先順位

河川湖沼改修ならびに水辺保護に関するスイス連邦法に、以下の優先順位が決められている。

洪水対策の優先順位

1	正しい維持管理	堆積物の掘削など河積*の確保や損傷護岸の修復など
2	間接手法	危険を未然に防ぐゾーニング*、森林の育成、雨水の地下浸透、冠水域／遊水域の確保など
3	直接手法	土木工事による河川改修

3. 正しい維持管理

川の正しい維持管理を怠ると、洪水や破堤の危険性が増す。浸食・堆積や樹木の成長の観察と対処、さらには破損個所の早期発見と修復など、専門知識に則って河川維持管理を遂行することにより、所定の洪水安全性を確保することが可能となる（詳しくは、「第3編．維持管理と清掃、Ⅰ．維持管理、1．洪水安全性の確保」の項参照）。

4. 自然災害を予防するゾーニング

元々洪水の危険度が高い場所に集落や道路を建設しておきながら、または、かつて川だった土地を市街地や農地として利用しておきながら、洪水対策や河川問題を河川担当技術者のみに任せていた（押し付けていた！）従来のやり方は、危険を回避することの難しさからも、異常に高いコストの点からも問題が多い。

流域管理上の誤り

ゾーニングの問題	・土地不足から水害、なだれ、崖崩れの危険性の高い場所に建設がなされている（いまは許可されている）
土地利用の問題	・森林の伐採、針葉樹の植林 ・農地の間違った利用（川へ接近しすぎ、間違った作物を植える、集約化、など） ・道路建設や市街地の拡大による地表面の遮蔽 ・河畔の集約利用と大きな資本投資

一方では危険な川の洪水ピークを異常に上昇させ、他方ではますます水害の危険性の高い場所へ進出し、しかも集中的な資本投資をする。これでは、河川改修で水害問題を解決することはできない。

危険を最小限に抑えるために、予め土地利用法を規定する空間計画*（ゾーニング・プラン/空間利用計画）上で、できる限りの手を打っておく（口絵3頁参照）。

<u>空間計画（Raumplanung）</u>
スイスやドイツのゾーニング・プラン、または総合空間利用計画のこと。どこを何に利用する（または利用しない）のが最適か州や市町村が提案し、住民投票により可否を決める。個人の所有地でも、これにより土地利用に制限が加わる。

4.1. 空間計画

スイスにおける空間計画は、1980年施行の空間計画連邦法に基づくが、実際には1339年にまで遡ることのできる様々な分野の連邦法や連邦憲法を包含したものである。

空間計画に盛り込まれる要素

保護	・野生動物（1339年野鳥保護法より）
	・自然、環境（大気、水、土壌）（1930年収用法より）
	・地下水、飲料水、水質（1951年農業法より）
	・水辺（河川湖沼）（1874年連邦憲法追補改定より）
	・ランドシャフト（1916年水力利用法で初出）
	・森林（1874年連邦憲法追補改定より）
	・故郷（ふるさと）像、家並み（1957年鉄道法より）
利用	・農業、林業、漁業、狩猟（1874年連邦憲法追補改定より）
	・鉄道、舟運（1957年鉄道法より）
	・国道（アウトバーン）（1960アウトバーン法より）
	・ロープウェイ、登山鉄道（1963年ロープウェイ法より）
	・エネルギー（1916年水力利用法で初出）
	・土地利用（1969年連邦憲法追補改定より）
他	・抗告権（異議申し立ての権利）（1966年自然・故郷保護法より）

連邦・州・市町村の三つの行政レベルで決定され、連邦は法的ガイドライン（原則、道しるべ）を、州が実際の形になるマスタープラン（基本計画）を、市町村はさらに綿密で具体的な土地利用計画を作成する。これらすべて、住民の直接投票による承認が必要となる。

空間計画には、以下の3種類がある。

3種類の空間計画

ジードルング＊／ ランドシャフト版	土地利用、ゾーニング
交通網版	道路・鉄道・飛行場
ライフライン＊／情報網 廃棄物処理／公共施設版	電気・電話ケーブル／ガスパイプライン／ 上下水道／ゴミ焼却場／ゴミ廃棄場／役 所／文化教育センター／スポーツ施設など

ジードルング
市街地・住宅団地・工場団地など人間の利用する空間のこと河積断面も同義。

ライフライン
ガス、上下水道、電気など人間の生活や生命維持に欠かせないパイプライン、ケーブルラインの総称

連邦法と州法により少なくとも10年毎の見直しが義務付けられている。実際には必要性が生じた時点で小変更が行われ、全面改正は平均して15年おきだ。小変更の動機は、例えば、以下の事柄である。

空間計画マスタープランの小変更

- 市町村が予備地区として確保していた場所へ市街地を拡大したい
- 市街地の拡大などにより、新たな工場団地を指定したい
- 新たな道路を建設、または等級変更したい
- 指定外の場所で砂利採取をしたい
- 新たな自然保護地区、またはレクリエーション地区を指定したい

チューリッヒ州での前回のマスタープラン全面改正は1993年だった。

チューリッヒ州における空間計画の基本姿勢

- 森林の総面積は連邦森林保護法（1874年のスイス連邦憲法追補改定に基づく）の規定により減少させてはならない
- 自然やオープンスペース（緑地、公園など）をできるだけ確保する
- 住民のより広い建物・居住面積に対する要求を実現する
- 新たな建設許可地域は増やさないか、むしろ減少させる
- 現在の建設許可地域における利用密度を上げる（建築物の高さや建ぺい率を上げる）

4.2. 危険の事前回避
〜自然と人とを近自然領域を介して分離〜

集約農業
資本や労働力を集中投入して単位面積当たりの収穫を上げる農法で、必然的に大規模単一作物となる。大型トラクター、農薬、合成肥料、長距離輸送など大量の石油エネルギーの投入のため環境負荷が著しい。

バッファーゾーン（緩衝帯）
農地と川など性格の異なる領域の中間で、両者の接触による軋轢（あつれき）を緩和するための領域。特に、接触が双方または片方に悪影響を及ぼす場合の表現であり、二つを分離するという意味を持つ。中立地帯も同様。
水と陸、森と草原など接触が好ましい場合は、エコトーン（過渡領域/移行帯）という。

　自然と人間の生活圏とが渾然一体となって調和した状態は、一つの理想の形態だ。しかし、目先の利益のみを追うことが許容される現在の社会的モラルの状況下では、自然の側にも人間の側にも不利益が生ずる。市街地・集約農業*・道路・観光施設などの思慮を欠いた拡大は、自然環境やエコシステム（生態系）にとっての致命的なダメージになる。と同時に人間の側からも、広大な地域に拡散し危険な地域に接近した人命財産を自然災害から守らなければならないという不都合や、いわゆる害虫・害獣（カ、ハエ、ネズミ、毒ヘビ、クマなど）問題などが生ずる。

> シードルングなど人間の生活空間と自然とを、近自然領域をバッファーゾーン*（緩衝帯）として分離する

自然と人間の棲み分け

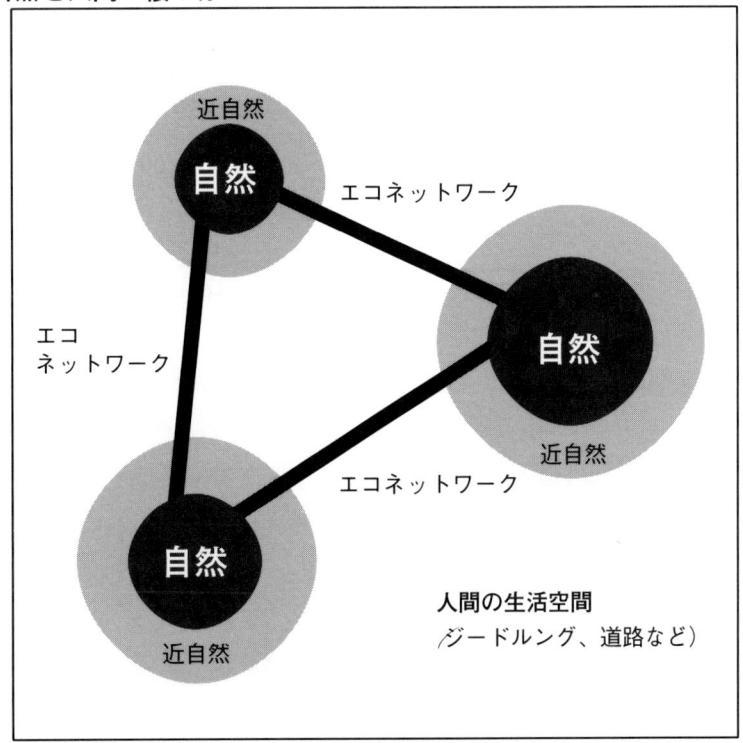

（図：近自然領域に囲まれた3つの「自然」がエコネットワークで結ばれ、人間の生活空間（ジードルング、道路など）の中に配置されている）

　ジードルングは完全に人間主体に考えて良い。ただし、自然が全く不必要ということではない。
　自然領域は完全に自然主体に考える。観光など、人間の利用に際

しては、細心の注意が必要だ。

近自然領域はその中間的存在で、草原・牧草地・非集約農地・植林された二次林（人工林）などだ。ここでは、いかに自然の要素を持ち込めるかが課題となる。

4.3. 危険ゾーンの指定

調査により、洪水、雪崩、崖崩れなど危険の大きいと予想される場所を危険ゾーンに指定する（ハザード・マップ*の作成）。多くは、歴史的な災害を顧みず、近年になって開発された地域だ。ここの住民には移転を勧告するか土地利用法を制限する。しかし、行政の不手際で集落が造られたような場合は、大変難しい。自己の責任において留まることは可能だが、その際、災害保険料は高額になるだろう。移転せずにある程度以上の安全性確保を行政へ要求する場合には、受益者負担原則*に基づいて、建設費を個人または自治体に分担させる。

多くの納税者から税金を預かっている行政は、その適切な運用を義務付けられているのだ。ある特定の個人の利益（安全性も含めて）のために多額の税金が支出されることは、一般常識として許されない。行政の納税者への背信行為とさえ見なされる。

農地は元々、川が定期的に氾濫する肥沃な土地に造られていた。河川改修の歴史は、人間が川の氾濫危険域へ降りていったことから始まる。そしてこの背景には、技術過信がある。洪水危険ゾーン（低地）ばかりでなく、雪崩・崖崩れなどの危険がある地域にも村落や工場団地などの新設を避ける（許可しない）。様々な調査によると、世界的な共通傾向として、古い家や歴史のある村落は、例外なく安全な場所にある。

ある特定の建造物を水害から守るために河川改修をするより、その建造物を安全な場所へ移動させた方が、エコロジー（生態）の上からもエコノミー（経済）の上からも有利なことがある*。その場合には、人命財産の方を避難させる。感情的な問題が生ずる可能性もあるが、きちんとした説明により、住民にも納得してもらう。行政側もそこに建設を許可した過去の過ちを素直に認めなければなら

ハザード・マップ
洪水・崖崩れ・雪崩など自然災害の起こり得る場所とその種類・頻度・確率を調査し地図に表示したもの。

受益者負担原則
ある公共事業が特定の人のみの利益になる場合、その事業費の全額または一部を受益者が負担しなければならいという原則。
加害者負担原則と並んで、経費負担の2大原則。

建物移転が経済的
例えば、移転費が1億円、安全対策費が2億円かかる場合など、移転を取る方が、経済的にも生態的にも有利なことが多い。

ない。(「第2編．河川改修、　．河川改修プロジェクト、7. 設計、7.1. 対象別保護目標の設定」の項参照)

4.4. 危険区域に人命財産が集中している場合以外は河川改修をしない

　すでに都市や工場団地が発達していて、代替地の可能性がなかったり、移転が河川改修より大幅に高いなど経済的に不利な場合以外は、河川改修をしない。

5．洪水ピークを落とす努力

　従来工法では、護岸をコンクリートなど固く滑らかな材料でしかも直線的に造り、「洪水をできるだけ素早く下流に流す」(または「特定の水量を流すのに、流速を上げてやり水位を下げる」)ということだった。流域面積が大きくなり支流の集まる下流ほど、必然的に水量は急激に増加し、従って水害の危険性も著しく増す。しかも、まずいことには下流ほど川の周辺に大きな都市が集中発達しているので、河川改修の必要性もコストも指数関数的に跳ね上がってしまう。

　危険性の最も高いのは、継続時間の比較的短いピークであり、すべての洪水対策はこのピーク値を目標としなければならない。

　そこで、前もってできる限りこの洪水ピーク値を落とす努力をする。つまり、**「雨水を河川流域内に分散・遅滞させ、蒸発散・地下浸透を促進」**させるのである。

5.1.雨水の川への直接流入を減少・遅延
　　～雨水を川へ直接流入させないか、
　　　　　　　　　または遅滞させ時間差を付ける～

5.1.1. 雨水の一時的捕捉と蒸発散とを促進

雨水の一時的捕捉と蒸発散とを促進

森林 (写真1-06〜7)	森林面積の確保、植林された針葉樹林から本来の広葉樹林への復元、涵養林の保護育成など
緑地 オープンスペース	公園、野原、草原、並木、耕作地の下草など
屋上緑化 (写真1-08)	スイスでは平屋根に砂利を敷くことは一般的だが、断熱性・建物保護の意味からも本格的な緑化の方がより優れている。さらに、最近の調査ではここで多くの貴重種が確認されている
壁面緑化 (写真1-09)	かつては湿気のために建物に良くないと言われていたが、現在では急激な温度湿度変化が和らげるため逆に良いと言われている

●写真1-06
■人工的な針葉樹林／チューリッヒ州
ドイツトウヒは元々高地に原生するが、成長が速く、経済的な理由から平地に広く植林された。近年、スイス、ドイツでは林業が成立せず、放置されることが多い。すると、細い木々が密生し、根が浅くなる。日光が通らないため下草は生えず、表土が薄いため保水力も小さい。

●写真1-07（左）
■自然な広葉樹林／チューリッヒ州
スイス、ドイツの低地では、自然の森は広葉樹が主体だ。葉の面積が広く表土も厚いので、針葉樹林より保水力が大きい。

●写真1-08
■屋上緑化（テラスハウス）／スイス・アールガウ州
保水性、保温性、耐候性、耐久力などに優れ、しかも100％リサイクル材を活用したエコロジカルな屋上緑化が実用化された。人間の近寄れない屋上では、様々な貴重種が確認されている。
写真のテラスハウスは、山の多いスイスで開発された新たなエコロジカルな建築法。斜面の集合住宅の屋上緑化と壁面緑化を徹底し、保水性を確保する。上空から見て周辺の緑との区別がほとんど付かない。

●写真1-09
■壁面緑化／チューリッヒ州

5.1.2. 雨水の大地への浸透を促進：
地表をむやみに遮蔽しない努力

擁壁（ようへき）
崖や切土面（きりどめん）など急斜面が崩れないよう支えるための壁のこと。かつては石積み（石垣）で、現在はコンクリートで造るのが一般的。石垣では石と石との間に動植物の生息空間が存在するが、コンクリート製では空間を設けたり、覆土など、緑化の配慮が必要。

漆喰（しっくい）
土や砂に石灰を混ぜて、雨でもぬからないようにしたもの。日本でも壁やたたき（土間）に昔から使われた技術。

雨水の地下浸透を促進

駐車場 軌道敷	緑化駐車場（写真1-10） 市電の緑化軌道敷の実現（写真1-11）
道路 歩道	道路ではアスファルト面積を減らし、並木や擁壁面* 緑化に努める（写真1-12） 歩道は、石畳（写真1-13）、砂利、漆喰*などを採用
屋上雨水	チューリッヒ市では地表を1m2遮蔽すると年間1.6スイスフランを下水道料金の形で徴収。年間降水量1,200mmの80％が下水道へ流入するとして1,200mm×0.8≒1m^{3}が下水道システムへ流入すると計算。屋上雨水の地下浸透や緑化駐車場では不要
農業の 非集約化	大型トラクターなど重量マシーンを駆使した集約農業は、土壌の活力と保水能力とを低下させ、表土の流出も大きな問題

●写真1-10
■緑化駐車場／チューリッヒ州
緑化駐車場は都市部で問題となっている「ヒート・アイランド現象」抑制にも効果がある。駐車容量は減るが、できれば樹木を植えたい。

●写真1-11
■緑化軌道敷／チューリッヒ市内
透水性、騒音吸収、交通制御・抑制、視覚的に優しい、光合成による酸素分離、など様々な効果がある。

●写真1-12
■擁壁面緑化／チューリッヒ州
保水性、騒音吸収、視覚的に優しい、光合成による酸素分離、などの効果がある。

●写真1-13
■石畳／チューリッヒ市内：保水性、視覚的に優しい

5.1.3. 下水道網を一時的な保水施設として利用（特に都市部において）

分流式下水道システム*では、雨水を入れないのが一般的だが、一時的な豪雨時に雨水を下水道に落とし込むことにより、川への流入量を減らし、時間的に遅らせる事ができる。そうすると、危険な洪水ピークが鈍化する。

5.2. 河川内で洪水ピークを抑圧
～雨水が川に流入後、
　　川とその周辺でピークをさらに落とす～

5.2.1. 土地をできるだけ確保

川の土地が失われてしまったことが洪水ピーク上昇の一要因だ。かつてあちこちに溢れていた洪水が、周辺の土地利用と河川改修が進んだため、一気に下流へ流れるからだ。

5.2.2. 遊水池*の建設

近自然工法による遊水池は自然の池や草原と見分けが付かないので生態的にも親水性も良い（写真1-14）。

> **分流式下水道システム**
> 雨水と汚水を一緒に集めて処理する合流式下水道システムに対して、両者を分離して汚水のみを集めて処理する方式。ヨーロッパの都市は下水道の歴史が古いので合流式が多い。最近専門家の間で注目されているのがチューリッヒ式の分流式で、これは小川・冷却水など非汚濁水のみを下水道から外し、交通量の多い道路の雨水は汚水として扱うもの。

> **遊水池（ゆうすいち）**
> 洪水の大きなピークを一時的に貯水し、下流へは少しずつ流す、洪水対策用の施設。自然の湖沼も同様の機能を持つ。洪水時に貯水できれば、普段、池の形態をしている必要はない。かつてはコンクリートで四角の箱を造ったが、近自然工法ではエコロジーにも考慮した自然な池を造る。

●写真1-14
■近自然遊水池／チューリッヒ州メンツェングリュート遊水池（1979／80年施工）
農地内に人工的に造られた遊水池だが、数年を経ずしてヨシなどの水草が繁茂し、自然保護区の指定を受けた。

5.2.3. 遊水池として機能する自然または人工の冠水域の確保

自然または人工の冠水域

河畔林／水辺林の再生	樹葉での雨水の捕捉、地上・地中での保水能力、川と地下水との相互補助関係にとって河畔林／水辺林は重要な役目を担う（写真1-15）
冠水域の確保	森林、河畔林／水辺林、草原、旧河道場、道路、公園、グランド、キャンプ場内下水道網なども冠水域／遊水域として計画に入れる（川に隣接してこれらの施設がある場合には、堤防を後ろ側へ回す）（写真1-16）
越流堤*	大きな洪水の場合には、人命に危険のない場所で一時的に越堤させる（写真1-17）

<u>越流堤（えつりゅうてい）</u>
一定の洪水の度に、危険性の少ない場所で意識的に溢れる（越流する）ように設計された堤防のこと

●写真1-15
■河畔林／バイエルン州（資料：アルント・ボック氏）
単に川のそばの林が河畔林というわけではない。川と水や物質のやり取りがあって初めて河畔林と呼べる。つまり、洪水の度に冠水するか、地中でつながっている必要がある。故に、河川改修によってこのつながりを断ち切られた林は、厳密には河畔林ではなく、元河畔林である。

●写真1-16
■土地の確保／チューリッヒ州テス川ハルト地区旧河道
（資料：フェレーナ・ルビーニ氏）
生態的に需要だと同時に、洪水ピーク時の水量やエネルギーを一時的に削ぐという技術的な意味合いもある。

●写真1-17
■越流堤
トゥール川ギューティックハウゼン
1994年施工
越流堤とは単に堤防を低くしたものではない。高水堤の後背地まで考慮して安全対策を立てる手法である。

5.2.4. 川の近自然化

　自然や近自然の河畔（河岸帯）は地中に大きな保水能力を持つ。また、地下水との水の相互補助機能が実験的に確かめられている（p.15図「河川と地下水位」参照）。そういう理由から、近自然河川は洪水の吸収能力を持つ。

6．最後の手段としての土木改修

　以上の河川維持管理やゾーニング、さらには雨水の分散・遅滞・蒸発散・地下浸透などの間接手法を遂行しても水害の危険が大きい場合のみ、最後の手段として、川の土木的改修を行う（「第2編．河川改修、Ⅰ．河川改修プロジェクト　7.設計」の項参照）。

Ⅴ 河川改修における重視点と目標

1. 洪水安全性

　近自然河川工法においても、第一義は洪水に対する安全性確保であり、住民の生命財産を守るという目的は従来工法と変わらない。相違点は、それだけに留まらずに、エコシステム（生態系）や水の大循環を含めた大きな意味での地球環境の健全化をもその考慮に入れる点である。

　洪水時の安全性と、平時のエコシステム（河川生態系）・ランドシャフト（景域/景観/風景/風土）・親水性を両立させる。換言すれば、平時の安全性は不必要であり、洪水時の親水性は無意味である。

洪水時の安全性が重要

	安全性	エコロジー・親水性など
洪水時	重要	無意味
平時	不必要	重要

（「第1編　思想・理念・原則、Ⅳ.洪水対策」の項参照）

　また、市街地、道路、農地、森林などを同一レベルで守る必要性はないし、非現実的なものである。
　洪水安全性の不足を河川工法の問題に転嫁しがちだが、根本の原因は健全な水循環の阻害である。そう認識したとき、洪水対策の様相は大きく変わる可能性がある。
（「第2編　河川改修、Ⅰ.河川改修プロジェクト、7.設計、7.1.対象別保護目標の設定」の項参照）

2. 水質

　近自然河川工法と水質とは、密接な相互補助の関係がある。
　河川湖沼の水質に関するスイス連邦法や種々の法律は、近自然河川工法推進の法的基盤（根拠）でもある。また水質が悪くては、エ

コシステム（生態系）やランドシャフト、さらには親水性についての論議は説得力を失う。

スイスにおける水質保護は、1991年全面改定された連邦水辺保護法に含まれ、ここでは量的保護と質的保護とが車の両輪となる。

（「V. 河川改修における重視点と目標、4. エコシステム（生態系）、4.8. レストウォーター（維持流量）」の項参照）

河川保護の両輪

量的保護	レストウォーター（維持流量）
質的保護	水質

スイス・アルプスは、ライン河、ドナウ河（スイスの源流は支流のイン川でドナウ本流より水量が多い）、ローヌ河のヨーロッパにおける三つの大きな水系の水源地である。

従って、スイスでの水質（河川湖沼）汚染は下流の河川汚染のみならず、最終的に海洋汚染の原因となる。

スイスの3水系

水系	全長	流域面積	通過国
ライン	1,300km	820,000km²	スイス・リヒテンシュタイン・オーストリア・ドイツ・フランス・オランダを経て北海へ流入
ドナウ	2,860km	224,000km²	スイス・ドイツ・オーストリア・ハンガリー・ユーゴ・ルーマニア・ブルガリアを経て黒海へ流入
ローヌ	800km	100,000km²	スイス・フランスを経て地中海へ流入

汚染源は二種類に大別され、それぞれ対策が異なる。a.は下水道・下水処理場建設でかなりの成果を期待でき、実際に成果も上げている。しかし、b.は面的に分散しているためと農業政策が絡むため、対策が非常に難しい。

河川湖沼の水質汚染源

a	集中性汚染源（点状汚染源）	家庭・病院・工場などの排水
b	拡散性汚染源（面状汚染源）	集約農耕地からの農薬や肥料など（広い意味では、大気からの間接汚染も含まれるが微量）

地域別の水中の窒素汚染源の割合

地域	大気より	処理水・道路排水より	農業より	自然より
農業地域	3%	23	61	13
草原・森林	6	16	52	26
アルプス	13	8	28	51
市街地	2	90	4	4
平均	8%	37	38	17

（資料：チューリッヒ州建設局 廃棄物・水・エネルギー・大気部 水質保護課）

河川湖沼の水質向上（汚染を抑える）のために、基本的な3段階がある。

3段階の水質汚染対策

1	汚染物質を出さない （使用しない、回収する）
2	下水道・下水処理場 バッファーゾーン（緩衝帯）
3	川・湖の近自然化 （自己浄化力を高める）

2.1. 汚染物質を出さない（使用しない、回収する）

窒素系汚染物質
窒素（N）は他の分子と結合しやすく、様々な化合物を作る。窒素酸化物（NO_x）、硝酸塩（NO_3）、亜硝酸塩（NO_2）、アンモニア（NH_3）、アンモニウム（NH_4）、亜酸化窒素（N_2O、笑気）などが代表的。

リン系汚染物質
リンは比較的安定で、水に溶けるか微粒物質に付着している。リン酸塩（PO_4）が代表的。

有毒物質（重金属、金属、薬品、農薬）、病原物質、有機物質、栄養塩（窒素系*、リン系*）などの汚染物質の流出の抑制は、キャンペーン（不必要な農薬・肥料を散布しないで済むように正しい情報を提供したり、モラル向上を促す）や行政指導・法的規制（有リン石鹸の製造販売禁止）によってある程度の成果を見ている。特に、工場、病院、家庭など集中性汚染源からのものはコントロールが容易なことから、大きな成果を上げている。

現在、人口密集地帯とアルプス（山岳地帯）を除いて、川や地下水における最大の水質汚染源は集約農業からの排水（拡散性汚染源）である。

この対策は、農業政策という政治問題とも絡み、水質の面から見ていまだ不十分な状況である。

農業汚染源に対する対策

行政や農業学校の指導	・下草を生えさせて裸地を作らない 　（裸地では養分が素通りする） ・農薬・肥料散布の時期（雪の上や降雨時前後に散布しない）や適正量など ・集約農業の非集約化、有機農法化、粗放化
法的規制	・農薬の種類・散布量・散布時期 ・農地（牧草地）単位面積当たりの家畜の保有頭数制限（牛3頭／ha*）など
補助金	・従来農法への補助金をカットする ・農薬や合成肥料を使用しない有機農法や非集約農法に対して補助金援助強化する ・農業補助金を生産量比例から耕地面積比例に切り替える

<u>ha（ヘクタール）</u>
面積の単位で、100m × 100m のこと。100 a（アール）、10,000 m² （平方メートル）に相当する。

2.2.下水道・下水処理場やバッファーゾーン（緩衝帯）

　スイスではここ40年来（集中的には20年来）、下水処理場に1兆円以上の大規模な投資をした結果、チューリッヒ州の下水処理普及率は100％（スイス全土では1999年現在約97％）を達成し、しかも脱リン＋脱窒*＋特殊多層砂フィルタリング*の高度処理化を進めている（写真1-18）。また、人口密集地域の湖沼の汚染に対しては、処理水を湖沼へ一滴も放流しない環状下水道システムも大変有効である。下水道の歴史的発展の過程から、スイスでは合流式下水道システムが一般的だが（それだけ早い時期に敷設された証拠でもあるが…）、これをランニングコスト節減と水質保全の理由から、分流式下水道システムへ変更していかなければならないことが、新しく内容を強化された1991年施行の「水辺保護に関するスイス連邦法（連邦水辺保護法）」においても規定されている。

<u>脱リン・脱窒（だっちつ）</u>
リン酸塩などリン系汚染物質を取り除くことが脱リン。
硝酸塩（NO₃）、亜硝酸塩（NO₂）、アンモニア（NH₃）、アンモニウム（NH₄）、亜酸化窒素（N₂O、笑気）など窒素系汚染物質を取り除くことが脱窒。

<u>特殊多層砂フィルタリング</u>
活性炭様の濾過機能でリン酸塩などの付着した微粒浮遊物質と細菌類に対して有効であり、洗浄後再利用が可能。

　スイスにおける人口密集地帯に近い湖沼では、1960年代後半に水質汚染の最悪値を記録し、それ以後下水道普及により、急速に浄化されている（口絵Ⅳ頁グラフ「総リン濃度中間値」参照）。

●写真1-18

■下水処理場
チューリッヒ州ヴィンタートゥール市
（1995年拡張工事）
脱窒とサンド・フィルターを追加した高度処理を目指して拡張された。

第1編　思想・理念・原則

これに対して、集約農業からの汚染物質は拡散性のため対処が技術的に難しい。現状では、「バッファーゾーン（河川・農地間の緩衝帯）」によって、川と集約農耕地との間を物理的に隔離し、汚染物質が空中飛散できないよう、または地中で濾過され、直接川へ流入しないようにしている（写真1-19、20）。

　スイスでは最低5mが義務付けられており*、この土地を州が買収している。しかしこれでは少なすぎ、スイス/チューリッヒ州では農家に河川隣接農地の粗放化を依頼し、減収分を州が補償するように努力している。

　ドイツ・バイエルン州では、地価が安いこともあり、河川隣接の農地を大規模に買収（年間約15億円平均）している。

<u>最低5mが義務付けられており</u>
本来は、住民のための親水性確保とと維持管理が目的。川や湖に面した私有地は、親水性確保のため州の買収に応じなければならない。また森林は、私有地であっても誰でも入ることができる。

●写真1-19（上）
●写真1-20（下）

■バッファーゾーン・悪い例（上）と良い例（下）

集約農法は合成肥料や農薬の大量投入、さらに大型重量マシーンの導入を成立基盤としている。肥料や農薬は質的負荷を、トラクターは表土を踏み固めて保水性を減少させて量的負荷を川にもたらす。バッファーゾーンは物理的な距離で空中飛散を緩和し、土中のフィルター効果で排水を濾過し、さらに保水力を向上させる。
　　（資料：バイエルン州「Flüsse und Bäche」、
　　　　　アルント・ボック氏）

V　河川改修における重視点と目標

2.3. 川の近自然化による水質浄化

近自然化された川は、流れの多様化と繁茂した水生植物により水質浄化に貢献する。（「Ⅲ．川に対する新理念、2.川は生きている、2.4.自己浄化力」の項参照）

スイス/チューリッヒ州では、川の水質向上を目指す下水処理場の拡張プロジェクトに、処理水放流先の川の近自然化が含まれた事例も存在する。

3．ダイナミクス（浸食・堆積・洪水）とモルフォロジー（河川形態）
～流れの多様性と自然な空間の創生～

ダイナミクス（浸食・堆積・洪水）の実現が、必要な洪水安全性を確保した上での、最重要項目！

周辺の土地利用にとって必要な洪水安全性を確保した上で、川に自然な浸食堆積のダイナミクスをどれほど残せるか、または戻せるかが、近自然河川工法における最重要のキーポイントである。それにより、モルフォロジー（河川形態）上の多様性が時と共に増す。その場の条件の枠内で川の流れは自然に蛇行し、複雑な水際線、瀬や淵、定期的に冠水する領域*などが生じ、その形態は変化に富むだろう。モルフォロジーの多様化は立地の多様性とエコシステム（河川生態系）の豊かさをも意味し、さらに美しいランドシャフト（河川景観）をもたらす。

<u>定期的に冠水する領域</u>
川の隣接地域のことで、水陸の間の過渡領域や河畔林/水辺林などがこれにあたる。水力学からも生態学からも重要な川の一部だが、近年、無理解から急速に消滅している。

```
自然のダイナミクス（浸食・堆積・洪水）
          ↓
多様なモルフォロジー（河川形態）
          ↓
多様な立地（生息条件）
          ↓
豊かなエコシステム（河川生態系）
          ↓
美しいランドシャフト（河川景観）
```

第**1**編 思想・理念・原則

どれだけのダイナミクスを川へ残せるか、または戻せるかは、以下の3点にかかっている。

　ただし、土地がないから、リスクを冒せないから何もできないという意味ではない。

　　　●土地の確保がどれだけできるか？
　　　●洪水に対するリスクをどれだけ冒せるか？
　　　●造形目標像がどれだけ自然か？

4．エコシステム（生態系）

〜地球環境やエコシステム（生態系）は、
　将来を含めた全人類、全動植物の共有財産である〜

4.1. なぜエコシステムが重要なのか？

　川に限らず近自然工法では、エコシステム（生態系）への配慮（保護、修復）が必ずテーマとして上がる。そこでは健全なエコシステムの再生を目指しているわけである。しかし、緑であれば、あるいは水があれば良いというわけではない。集約農業の田畑やゴルフ場のグリーン、植林された杉林や手入れの行き届いた庭園、さらにはコンクリートの四角い遊水池や三面張り河川など、種の多様性のない、「緑の砂漠」「水の砂漠」も存在する。

　　　自然やエコロジーをはき違えると、「緑の砂漠」や「水の砂漠」となる

　それではなぜ健全なエコシステムの存在がそれほど重要なのだろうか？

4.1.1. 生態学的理由

　動植物はそのハビタート（生息空間）内において、お互いに連関（食物連鎖や共生などの密接な相関関係）を持って生きている。これがエコシステム（生態系）である。この多様なハビタートは、人類

の生命にとっても生存基盤とし大変重要だ。つまり我々人類も、食料・酸素・水の確保など、地球という大きなエコシステムから隔絶/孤立しては生きてゆけない存在なのである。

現在の世界的な種の絶滅の増加は、特に熱帯雨林（ジャングル）の乱伐に起因しているが、この種の宝庫であるジャングルに相当するのが、中央ヨーロッパなど温帯地域では水辺（河畔・湖畔を含めた河川、湖沼、湿地）にあたる。

4.1.2. 経済的理由

動植物は我々人類にとって、重要な食料基盤であり、また衣服や建材や燃料を提供し、さらには薬品などの原料の永続的供給源でもある。

そして、それはまだ利用法が発見されていない遺伝子（品種改良された種は次第に野生へ戻って行くので、絶えず新種や新遺伝子を掛け合わせてゆかなければならない）の貯蔵庫でもある。その意味で、現在「雑草」と呼ばれている種も大事にしなければならない。

我々日本人は、ペンペン草の生えている荒れた（!）状態を嫌う、庭園文化を育んできた（ただし、この文化の担い手はほんの一握りの公家、寺院、大名、富豪などでしかなかった。侍ですら、庭を持つなどということは経済的に不可能だった）。

しかし、雑草の繁茂している野原を見て、我々の子孫のための資源であり公共の共有財産だと思わなければいけない（写真1-21）。

4.1.3. 精神衛生（心理学/医学）上の理由

現代における目まぐるしい日常生活は、我々に絶えず精神的ストレスをかけている。このストレスを解消することは、我々が健康で充実した生活を送る上で、精神衛生上どうしても必要なことだ。

そのために、スポーツ・芸術・精神修養をしたり、中には美食に没入する人もあるかもしてない。現在世界的に麻薬やアルコール中毒が急増していることも、これと無関係ではない。

●写真1-21
■いわゆる雑草／チューリッヒ市内
雑草は未知の遺伝子の宝庫であり、人類の共有財産である。

しかしながら、真の意味での精神的安らぎは、大自然の中にこそ見出されるというのが、多くの専門家達の一致した意見だ。精神障害者や麻薬中毒患者の治療が、自然の中でのみ可能なゆえんだ。登山、トレッキングなどという特別なことをしなくても、ただ自然の中にあって素晴らしい景色を眺め新鮮な空気を深呼吸するだけでも良いのである。

普段はその重要さに気付かないが、自然がなくなってみて初めてその重要さを実感する。大都市居住者が自然保護に熱心なのはその現れであり、これは全世界共通の現象でもある。

もっと極端なのは宇宙飛行士の例で、一時的に地球から引き離されてその「緑と水の青い惑星」を目にすることにより、帰還後、例外なく地球環境の問題に興味を持ち、実際に活動家になる例も多い。

4.1.4. 倫理・道徳上の理由

我々人類は、万物の霊長として、地上に共に生存する動植物種の自然な多様性を守る倫理的義務を負っている。

現在、人類はこれほどのテクノロジーを発達させ、地球の気象すら変えてしまう（思い通りではないにしても…）ほどの力を得た。その結果として多くの動植物種のハビタートを奪ってしまったことは、疑問の余地がない。力のある者は、力がある故に、同時に、弱者を庇護する道徳的な義務を負う。

絶滅してしまった種は、二度と再生しない。

4.2. 河川エコシステム（河川生態系）とは？

河川のエコシステム（河川生態系）は他と異なる特徴を持っている。

河川エコシステムの特徴

a	流水	・水の存在 ・流れがある（湖沼とは相違）
b	エネルギー・スパイラル*	・上流部では太陽エネルギーの蓄積である落葉が大きなエネルギー源 ・それをバクテリアが分解し次第に大きな動物が食べるという食物連鎖を繰り返し、下流へ流下する ・下流部では太陽エネルギーの取り込みはおもに水草が行う
c	ダイナミクス （浸食・堆積・洪水）	・洪水の度に種の多様性は減少し、サクセッション（遷移）はほぼゼロから出直す ・故にパイオニア動植物にチャンスを提供する ・洪水の来ない川は本当の川ではない
d	大きな次元 （時空という四次元）	・ある場所（点） ・源流から河口まで（線） ・流域（面） ・地下水や蒸発散（立体） ・遷移（時空）

エネルギー・スパイラル
エコロジー（生態学）におけるエネルギー循環の螺旋（らせん）/スパイラル構造のこと。太陽から降り注ぐエネルギーが、植物に取り込まれ、それを小型から次第に大型の動物が食べ、その動物の屍体をバクテリアなどが分解して植物が吸収する、という食物連鎖が存在する。
川では、この環状食物連鎖が上流から下流へ流れていくので、象徴的に螺旋/スパイラルと表現する。

4.3. パーツからシステムへ、パターンからプロセスへ

　河川改修においてエコロジーに注目するようになったのは、大きな進歩といえる。しかしその実体は、貴重種が存在するのかどうか、また見付かった絶滅危惧種を保護するのかどうか、という議論に終始することがほとんどだ。

　確かに現状では、貴重種に関する論議は一般的に説得力を持ち、しかも重要なものである。

　「貴重種の現状」だけに注目することは間違い *!!*

　貴重種はそれ単独で生きているわけではなく、エコシステム（生態系）の一部を構成しているのだ。その種が絶滅の危機に瀕しているという事は、その属するエコシステム（生態系）のバランスが崩れたことを意味する。その種だけを特別に保護することにより、崩れたバランスをさらに崩す可能性もあるし、新たなバランスの崩れを招くこともあり得る。

　ヨーロッパにおいても、過去に多くの間違いを犯してきた。問題

解決と考えた絶滅危惧種の保護が、新たな問題を引き起こしたのだ。絶滅危惧種であるカワウ（川鵜）の人工的な保護とそのエサとなる魚類の減少などはその典型的な例と言える。

　また、エコシステム（生態系）には自然のサクセッション（遷移）が存在する。絶滅の危険はその自然のサクセッション（遷移）の通常のプロセスかもしれない。その場合に、その絶滅危惧種の保護とは、自然のサクセッション（遷移）を人工的に止めることである。

　例えば、渡り鳥の楽園を造ろうとしてダム湖に人工島を造る。初めは水鳥の営巣に最適の条件だったが、数年を経ずして、ヤナギからはじまりハンノキ、トネリコが続き、最終的には河畔林様の森林になってしまう。そうなると水鳥はもう営巣できない。
　ここで毎年草刈りをして、自然のサクセッション（遷移）を人工的に止めることは可能なのである。

　それも確かに一つの決断ではあり、危急の場合には大変有効でもあるが、本当の問題は、その種が生き延びることが出来る代替の場所が他に存在しない点だ。それ故に絶滅の危険にさらされているわけだ。

　河川改修においてエコロジー（動植物）に注目するなら、より大きくダイナミックなシステム（生態系）や時間経過のプロセス（サクセッション／遷移）を見るべきであろう（57頁　写真1-23〜26参照）。

　近自然河川工法においては、工学的に「パーツからシステムへ、パターンからプロセスへ」の進化を試みるが）、エコロジーに関しても同様である。（「第1編．思想・理念・原則、Ⅲ．川に対する新理念、4．より大きな次元（点→線→面→立体→時空）からの視点、4.5．時空（四次元）」の項参照）

Ⅴ　河川改修における重視点と目標

時間経過を考慮したシステム ＋ プロセスへの進化

	旧 パーツ＋パターン	新 システム＋プロセス
エコロジー	貴重種 生息分布	エコシステム（生態系） サクセッション（遷移）
河川設計	工法 造形	ダイナミクス（浸食・堆積・洪水） モルフォロジー（河川形態）の変転遷移

4.4. 立地と種の多様性

　流れの多様化は、水、水陸過渡領域（移行帯）、陸における動植物のための多様な立地（生息条件）を生み、それはさらに動植物種やエコシステム（生態系）の多様化につながる（多様性とは豊かさのことである！）。

　なかにはいわゆる「雑草」や「害虫」もあろうが、本来自然界には雑草も害虫も存在しない。ある特定の「害虫」が大量発生するのは、生態バランス*が崩れて食物連鎖が正常に機能していないためであることが多い。単一作物に農薬を広範囲に散布して、いわゆる害虫の天敵まで殺してしまった場合に起こり易い。

　近自然河川工法では河畔（河岸帯）をも含めた新しい河川維持管理法を個々の生態調査に基づいて定め、その川の健全な生態バランスの育成にも努めなければならない。（「第3編．維持管理と清掃、Ⅰ．維持管理、2．健全なエコシステムの育成」の項参照）

4.5. エコブリッジとエコネットワーク

　かつて、人間の生活圏である集落や農地の周りを、自然が環境として取り巻いていた。現在、多くの場所ではそれが逆転し、島状に残った小さな自然を、人間の生活圏である市街地や農地などの文化ランドシャフトが環境として取り巻いており、この傾向は日々強まる一方だ。この「陸の孤島」となった自然は、日毎に縮小し、活力を失って弱まっており、従ってそれは即、種の絶滅とその危険性に結び付くのだ。自然保護が叫ばれるゆえんである。

生態バランス
エコシステム（生態系）内における動植物の平衡状態のこと。食物連鎖やエコピラミッド（生態ピラミッド）がうまく機能している状態。生態バランスの取れているエコシステム（生態系）に外部から人間などの影響が及ぶと、なかには利益を受ける種もあるが、全体としては崩壊へ向かう。これに対して、「エコバランス」はエネルギー収支の意で、あるものを製造・運搬・使用・処理するのにどれほどのトータル・エネルギーを消費するのかを問題にすること。

この孤立して島状に残されたエコシステム（自然生態系）が再び活力を取り戻すために、次の6項目の活性化原則が存在する。

エコシステムの活性化原則

	×	○
1	隔離（交流がない）	エコブリッジ（生態橋）
2	遠い	近い
3	分割（道路などで）	一塊
4	細長い	丸い
5	小さい	大きい
6	周辺と直接接触	近自然のバッファーゾーン（緩衝帯/移行帯）を持つ

<u>エコブリッジ（生態橋）</u>
生態的架け橋：例外を除き実際に橋の形をしているわけではない。
生態の連結機能を持った川、森、草原、橋、並木、トンネルなどもエコブリッジである。コリドール／コリドー（回廊）、エコロード（通路）も類似の表現。

　個々の島状の自然生態を、できるだけ丸く大きく、一塊か相互に連結して、しかも近自然のバッファーゾーン（緩衝帯/移行帯）を持つのが良い。この連絡橋・連結路をエコブリッジ（生態橋）*また

V　河川改修における重視点と目標

はコリドール（回廊）、エコロード（生態通路）と呼び、エコシステム（生態系）がこれにより縦横に連結された状態がエコネットワークだ。

エコシステムの活性化原則

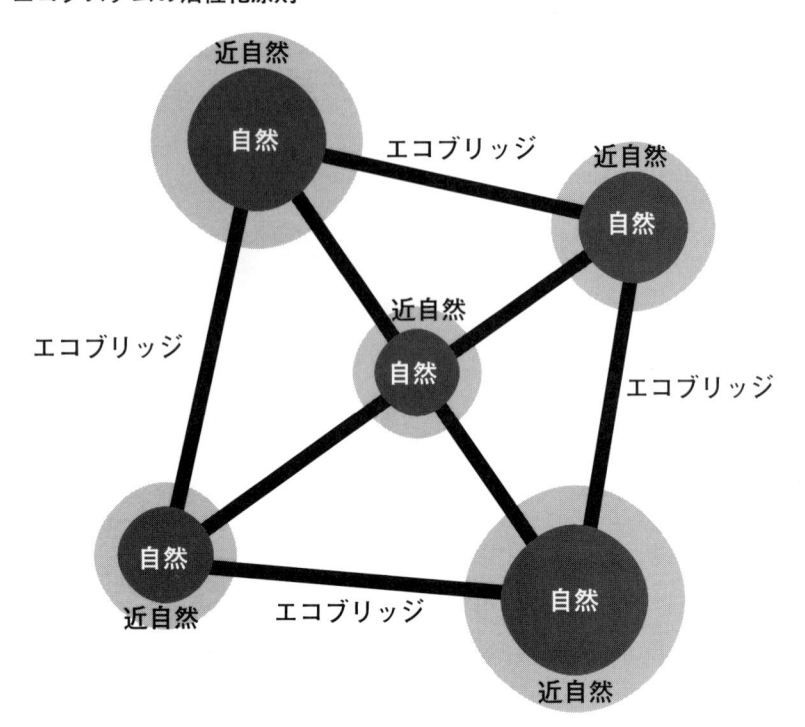

無施肥草原（むせひそうげん）
肥料をやらないため、植生の多様な草原。絶えず何らかの花が咲いている自然のお花畑でエコシステムに有利。貧栄養性草原も類似（写真1-22）。

●写真1-22
■無施肥草原

鉄道の線路下の砂利や土手
スイスの北東部では、鉄道線路下の砂利が絶滅危惧種のトカゲの新たなハビタート（生息空間）とエコブリッジ（生態橋）として認知されている。

◆エコブリッジとしての川①
従来型の改修河川。エコブリッジとしての機能を果たさない。

エコブリッジ（コリドール/エコロード）には、以下のようなものがある。

エコブリッジ（コリドール、エコロード）

タイプ	実例
面	ヤブ、雑木林、湿地、池・沼、無施肥草原*、野原、荒れ地
線	河畔林／水辺林を含めた河川、道路の路肩、路側林、鉄道の線路下の砂利や土手*、林縁部、生け垣、道路横断用のトンネルや路上の橋
点・飛び石	並木、果樹列、木々
その他	これらのコンビネーション

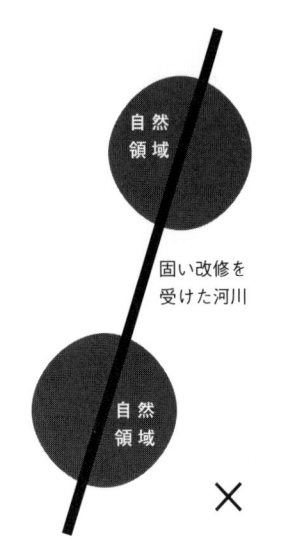

近自然河川は上記の「線タイプ」に該当し、川の近自然化（再活性化）が他の自然・近自然領域の活性化に大きな意味を持つのは、以上のような理由による。それ故、川の一点を近自然化してもエコロジーの面からはあまり大きな意味を持たず、源流から河口までの

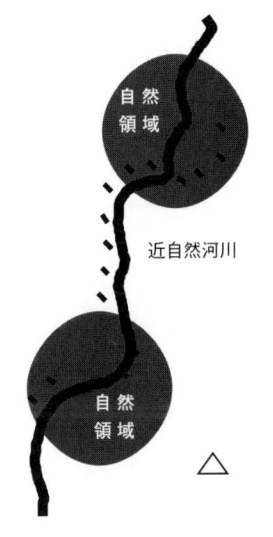

線、さらには河畔や支流をも含めた面として、水系全体の近自然化が望ましい。

そういう意味から、自然保護や近自然化の有意義な川を見極め、利用を重視する川と明確に区別すべきである。

ダム・取水・観光・土地利用など川の利用と保護

×	○
あちこちの川を少しずつ利用する	利用する川は積極的に利用し、自然を残す川は徹底的に残す

4.6. ミティゲーション（環境破壊緩和）
～自然や地球環境は動植物だけのものではなく、将来も含めた人類の共有財産でもある～

我々の社会では、他人の持ち物や共有財産を壊せば、弁償義務が生ずる。

また、住民の安全や便利さのための様々な土木工事は、環境やエコシステムにとって、ほとんど例外なく侵害行為だ。人類自身も地球環境や自然生態系に依存して生きている以上、その破壊は間接的な自殺行為とも言える。

以上の理由から、土木建設に際しては、その環境破壊に見合った緩和（ミティゲーション）策を取らなければならない（58頁 写真1-27～32参照）。

スイスでは1986年、ドイツでは1990年施行の連邦UVP（環境調和テスト／環境アセスメント）法により法制化＊された。

（「第2編．河川改修、Ⅱ．UVP（環境調和テスト／環境アセスメント）」の項参照）

建設規模が大きく自然破壊や環境破壊が大きければ、ミティゲーション措置は複雑になり、当然、弁償額（ミティゲーション措置実現のための出費）も大きくなる。スイス・ドイツでは、一般的に、全予算の10～20％を占めると言われている。それでも建設する価値があるのかどうか熟考を要する。大がかりな遊園地やゴルフ場が少ないのはそのためであり、禁止されているわけではない。

◆エコブリッジとしての川②
川を近自然化した線タイプ。河畔林や水辺林など、水源から河口までの線がエコブリッジとしての役割をもつ。

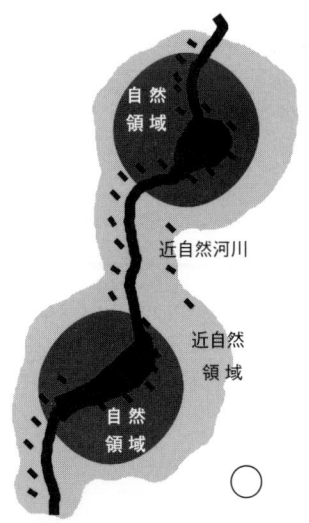

◆エコブリッジとしての川③
川の水系全体を近自然領域とした面タイプ。このような川づくりは、エコブリッジとして、もっとも望ましい形である。

連邦UVP法
建設時の環境負荷を低減するため、建設の波及効果を予め調査・予想し対策を講ずることを求めた法律。日本でも1999年、環境アセスメント法として施行された。

Ⅴ 河川改修における重視点と目標

これからの建設

×	○
建設か自然保護かを考慮	建設＋ミティゲーションか自然保護かを考慮

　環境破壊とは、森林などの自然要素やエコシステム（生態系）・ランドシャフト・水循環などへの侵害、さらには騒音や各種汚染を指す。

　ミティゲーションには以下の表のような優先順位がある。

ミティゲーションの優先順位

1	回避	建設がどうしても必要かどうか考慮し、必要がなければ建設を中止する
2	縮小	計画された規模が必要かどうか考慮し、必要がなければ建設規模を縮小する
3	代替	他の場所・他の時期など建設代替策により、環境やエコシステムなどへの侵害を低減する
4	修復	代替の森林・エコブリッジ・遊水池・浄化設備などにより、建設による自然の損傷を修復する
5	代償	ビオトープ創生など他の方策により、建設による自然へのマイナスの影響を償う

　かつて盛んに行われたように（現在でもいまだに見られるが…）、初めから建設実現を条件にビオトープ造りなど（優先順位の最下位！）を盛り込もうとするのは、ミティゲーションの本来の意味に反する。

4.7. ビオトープの創生

　ビオトープとは、ギリシャ語のビオス（生物）＋トポス（場所）という合成語で、生物の棲む空間とその機能とを意味する。その意味からは、池も川も森も、さらには都市でさえもビオトープとなる。
　ミティゲーション措置としてのビオトープの創生は、過去において多く行われたし、現在もさかんに行われている。しかしながら、維持管理上の問題などから、今見直しの時期に来ている。その計画に当たって、いくつかの注意事項がある。

●写真1-23
■川の近自然化前／チューリッヒ州クレープスバッハ川（資料：チューリッヒ州建設局廃棄物・水・エネルギー・大気部）
1970年代初頭に一次改修された河道は、典型的な台形で一律の断面形状を持っていた。

●写真1-24
■川の近自然化工事中 1995年施工（資料：同上）

●写真1-25
■川の近自然化半年後（資料：同上）
約2haの土地が得られたため、それほどの建設費をかけずに、近自然化後は同じ場所とは思えないほどの豹変だ。

●写真1-26
■川の近自然化2年後（資料：同上）
時間の経過に伴い、水筋が定まり、植生が復活してこの川の個性が際立っていく。

V 河川改修における重視点と目標

アウトバーン建設によるミティゲーション／（写真：チューリッヒ州内）

●写真 1 - 27
■旧道撤去前（資料：チューリッヒ州建設局土木部）
1 日平均 25,000 台の交通量がある幹線道路が、村を分断していた。

●写真 1 - 28
■旧道撤去後
道路撤去後の跡地には家が建つ予定。

●写真 1 - 29
■陸橋撤去前（資料：チューリッヒ州建設局土木部）
陸橋の上が幹線道路

●写真 1 - 30
■陸橋撤去後
陸橋撤去と同時に、暗渠化されていた小川が地上開放された。

●写真 1 - 31
■川の近自然化前/チューリッヒ州クレープスバッハ川（資料：チューリッヒ州建設局廃棄物・水・エネルギー・大気部）

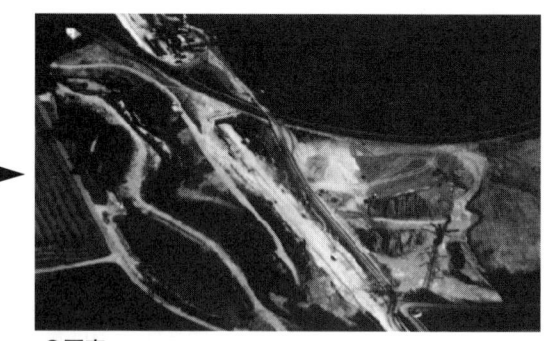

●写真 1 - 32
■川の近自然化工事中 1995 年施工（資料：同左）
道路と川との間、約 2 ha が道路建設費により買収され、近自然化された河道、遊水池・浄化池が造られた。

ビオトープの創生に当たっての注意事項

・水性ビオトープばかりがビオトープではない
・本来あるべき場所にあるべきビオトープを創生（修復）する
・周囲から孤立したビオトープは造らない
・ビオトープ間のネットワークを同時に実現する
・特定のビオトープ形態を人工的に保持することは問題 　（不自然で維持費が高い）
・過度の維持管理が必要なビオトープは作らない 　（例えば、水源のない所に水性ビオトープを造っても、絶えず干上がる）
・サクセッション（進化/変転）を容認する方が安上がり
・パーツ（動植物種）の集合ではなく、システム（生態系）または機能 　としてビオトープを理解する
・造った後、調査・評価・修整を欠かさない

4.8. レストウォーター（維持流量）

川をエコロジー、ランドシャフト、親水性、水質、などの面から見た場合、形態ばかりではなくそこを流れる水量も大変重要だ。人工の川ではあっても、できるだけ自然な形態を持った河道に、できるだけ自然な質と量の水が流れているのが理想である（**写真1-33**）。

ここで、できるだけ多くの水を絶えず確保したい発電や農業利用など水利用との間で葛藤が生ずる。

スイスでは、1991年に新たな「水辺保護に関するスイス連邦法（連邦水辺保護法）」が、国民投票により可決採択され、レストウォーター（維持流量）＊も新しく規定され直された。

その連邦法の骨子は、まず、河川システムに大きな影響を与えない取水を規定し、以下の場合は、対策措置を必要としない。

問題が少ないと見なされる取水
- 1000リットル／秒以下の取水
- 年間347日（一年間の95%）が達する自然流量Q_{347}の20%以下の取水
- 取水が1000リットル／秒以上、またはQ_{347}の20%以上でも、

●写真1-33
■レストウォーター・ゼロ／スイス、グラールス州
ダムから下流を見下ろした写真。周囲の緑は濃いが、川のエコシステム（河川生態系）は壊滅状態だ。1991年施行のスイス連邦法により、このような状況は一掃される。

レストウォーター（維持流量）
発電や農業利用のために川から取水した後の残存水とその流量のこと。普通これが大変少なく、ひどい場合には川が長期間干上がってしまう。エコシステム、ランドシャフト、親水性、漁業などにとって壊滅的ダメージとなるため、その川に相応しい最小の流量を規定する必要がある。これが、最小レストウォーター（維持流量）で、現在、単にレストウォーターと言うと、一般的にこの最小量を指す。

V　河川改修における重視点と目標

Q_{347}の年間の自然変動の平均値以下

　以上の条件外か、または上記の条件内でも、自然保護やランドシャフト保護、さらには公共の利益に抵触する場合は、取水が河川システムに大きな影響を与えるとみなされ、緊急を要するものは即時に、そうでないものは15年の猶予期間内に、以下の措置を義務付ける。

新レストウォーター

a	水利権が 有効な場合	・15年の猶予期間内に、取水後のレストウォーターに相応しい川の再改修（例えば河道を狭めたり、近自然化するなど）を水利権保有者に義務付ける
b	水利権更新 新規認可	・新たなレストウォーター（維持流量）を規定 ・水利権の有効期限はかつては80年だったが、現在は40年に短縮された

　a. は水利権保有者に、河川改修かレストウォーター（維持流量）の増量を要求するわけで、どちらが経済的に、また企業イメージ上有利か選択する余地を残している。
　b. は新たにレストウォーター（維持流量）の最低値を規定しており、小さな川ほどQ_{347}（年間347日が達する自然流量）に対する大きな割合、逆に大きな川ほど小さな割合となる。

　具体的には、次頁上のレストウォーター（維持流量）表を基準に、

・ランドシャフト（景観、親水性）
・飲料水（地下水も含める）
・水質（河川湖沼の水質）
・魚類（経済的要因）
・エコシステム（河川生態系）

のためなどに重要な場合は、レストウォーター（維持流量）の最小値を適当な値に増やす。

川の規模によるレストウォーター(維持流量)

自然流量：Q_{347}	レストウォーター量
60リットル／秒	50リットル／秒
(+10)	(+8)
160	130
(+10)	(+4.4)
500	280
(+100)	(+31)
2,500	900
(+100)	(+21.3)
10,000	2,500
(+1,000)	(+150)
60,000以上	10,000

＊小さな川ほどレストウォーター（維持流量）の割合が大きい。

4.9. エコロジーから見た河川改修

　河川改修において、エコロジーとその他の要因（例えば、河川のタイプ、確保できる土地の広さ、実現しなければならない洪水安全性、改修コスト、など）とは密接な関係がある。

エコロジーから見た河川改修（象徴的）

エコロジー	良	中	悪
河川タイプ	自然	郊外	市街地
造形目標像	自然	近自然	人工的
実現時期	長期	中期	短期
土地確保	広	中	狭
ダイナミクス	大	中	小
洪水安全性	低	中	高
石油消費	少	中	多
建設コスト	低	中	高

V　河川改修における重視点と目標

エコシステム／環境のために最良の河川改修
- 目標とするのは自然の中を流れる自然の川
- 人工的な造形・デザインは全くしない
- 頭に描いた目標像の実現は数10年先
- 十分な土地を川と河畔のために確保する
- 大きなダイナミクス（浸食・堆積・洪水）を許す
- 達成すべき安全性は低く、洪水の度に付近が冠水できる
- 工事をほとんど必要としないため石油エネルギーを消費しない
- 従って改修コストも低い

エコシステム／環境にとって最悪の河川改修
- 目標とするのは都市内を流れる川
- 人工的な造形・デザイン
- 頭に描いた目標像の実現は竣工時
- 川のための土地の余裕が全くない垂直護岸
- ダイナミクス（浸食・堆積・洪水）は極小
- 達成すべき安全性は非常に高く、付近の冠水を全く許さない
- 大工事が必要で、材料の投入と運搬のため石油エネルギーを大量消費する
- 従って改修コストも高い

5．ランドシャフト(景域／景観／風景／風土)

5.1. ランドシャフトとは？

　ランドシャフト (Landschaft) はドイツ語であり、ランド（英語と同じ）とシャフト（英語の…シップに相当し抽象・集合概念を表す）とが一体となった言葉だ。元々、地理上の地域（特に市街地に相対する自然や田園）や地形上のエレメント（山岳、渓谷、丘陵などの構成要素）を意味する言葉だった。現在では、その概念が広く深く拡大している。

　日本語では一言で言い表すことが難しいが、強いて訳せば、「景域・景観・風景・風土・…」、または、「自然・都市・地理・地質・

気象・生態系・ビオトープ…などの客体と、人間の心理・感情・活動・感覚（像・音・臭い）…などの主体との総体」とでも言えようか。

これらをあえて一言で表現すれば、

「ランドシャフトとは、人間の五感プラス心で認識する内外世界の総体」

とでもなろう。人間の存在がランドシャフトの条件なのである。

この定義は、頭を混乱させるかもしれない。概念が余りに大きいのだ。そこで、今回は表面的な意味である「景域・景観・風景・風土」と、仮に表記する。しかしながら、単なる土木的建築的デザインとは大きく異なることを、肝に命じておく必要があろう。

ランドシャフトの特徴・注意項目は以下のようなものである。

①ランドシャフトには、大きく分類して3タイプがあり、それぞれにさらに細かい分類がほとんど無限に可能だ。例えば、河川ランドシャフト、山岳ランドシャフト、都市ランドシャフト、など…。

●写真1-34
■自然ランドシャフト／スイス・アルプス

●写真1-35
■近自然ランドシャフト／

●写真1-36
■文化ランドシャフト／市街地

3種のランドシャフト

タイプ	特徴	例
自然ランドシャフト	人間活動が関与しない自然	山岳、丘陵、森林、湖沼、河川、湿原、など（写真1-34）
近自然ランドシャフト	自然に近い人工（人工的自然）	近自然丘陵、近自然森林、近自然湖沼、近自然河川、近自然湿原、など（写真1-35）
文化ランドシャフト	人間により造られた人工	都市、集落、ダム、農地、など（写真1-36）

これら3タイプは、理想の形態がそれぞれ異なる。

②川はそれ自身で一つのランドシャフトだが、同時により大きな自然／近自然／文化ランドシャフトの1エレメント（構成要素）でもある。

③自然ランドシャフトに対し、基本的に人間は手を加えるべきではない。

人間が一度手を加えたものは、自然ランドシャフトとは呼べず、

せいぜい近自然ランドシャフト。

④文化ランドシャフト（特に都市/集落）においては人間が主役だ。
　ここでは、人間の都合の良いように、ランドシャフトを再構成・再造形するが、その際に、人間の内面・精神面・心をも含めてランドシャフトをもう一度見つめ直すと、全く新しいランドシャフト像が見えてくるだろう。

⑤文化ランドシャフトでも田園/農地の場合は、事情が異なる。
　ここでは、いかに多くの近自然のエレメント（構成要素）を持ち込めるかがテーマとなる。スイスではエコロジー援助金/生態環境貢献助成金の形で近自然化を奨励促進している。
　（「第5編．歴史と背景、Ⅳ.環境破壊と種の絶滅、2.近自然領域の必要量」の項参照）

⑥近自然の要素とは具体的には、近自然の小川や用水路、生け垣、貧栄養性草原*、ヤブ、雑木林、防風林、並木、高木果樹、野原、池、……。

⑦多くの河川改修でテーマとなるのは近自然ランドシャフトだろう。
　ここではランドシャフトの多様性、生態の多様性という面から見直しをしたい。

⑧調和・バランスが重要。
　人間の関わる文化ランドシャフトでは、エレメント（川、丘、森林、草原、集落などランドシャフトの構成要素）間の調和バランスを実現すべき。

⑨過渡領域（移行帯／エコトーン）が種の多様性からも重要。
　様々なエレメントの間の境界をクッキリさせず、例えば、森林と草原との境（林縁）、川と周辺との境（河畔林／水辺林）、水と陸との境（水陸過渡領域／移行帯／エコトーン／冠水域）などの曖昧な領域を実現すべき。
　ここが種の多様性が最も高く、エコロジー上からも重要である

貧栄養性草原
（ひんえいようせいそうげん）
表土がないか薄いため、植生の多様な草原。絶えず何らかの花が咲いている自然のお花畑でエコシステムに有利。無施肥草原も類似。

第1編　思想・理念・原則

にもかかわらず、近年、急速に消滅してしまった。

5.2. なぜランドシャフトが重要なのか？

　美しい故郷、美しい国土、さらに美しい地球は、我々自身の内面の現れだと同時に精神的支えでもあり、それらを美しく保つことは我々が想像する以上に大きな意味を持っているのである。
　故郷（国土・地球）が美しさを失うということは、それに対する帰属意識が薄れるばかりではなく、その人間の根本的な生存意欲さえ奪いかねないのだ。その意味で、美しく調和したランドシャフトの実現は、我々人間にとって想像以上に重要だ。現代に生きる我々の心がすさんでいくと言われる現象は、このランドシャフト像の破壊と無関係ではない。

　我々人間の心の内面まで考えに入れると、
　　美しいランドシャフトは未来を含めた人類の共有財産
　なのである。

5.3. 調和のとれたランドシャフトとは？

　では、調和のとれた美しいランドシャフトとは一体どのようなものなのか？　ランドシャフトを「人間の知覚する内外世界の総体」と定義するなら、
　　調和のとれた美しいランドシャフトとは？
　　人間が「美しい！」と感ずるもの
　　人間がその中で「心地良い！」と感ずるもの
　と言える。
　では、どのようなランドシャフトを人間は美しいと感じ、どのようなランドシャフトの中で人間は心地良いと感ずるのだろうか？これに関して専門家の間でも意見が分かれる。
　ある者は、
　　「人によって感じ方は千差万別であり、同一人物でも時と気分とにより変わり得る」と言い、また別の者は、

「統計手法によって、ランドシャフトのエレメントに対して多くの人間が感ずる美しさや心地良さの得点を与えることができ、その総計としてランドシャフトをある程度総合評価することが可能だ」

と主張する。しかし残念ながら、これに対する確答はない。また、どちらか一方のみが正しいとする態度は危険でもあろう。

ここで以下の各点に考慮しなければならない。

ランドシャフトに関する注意事項

a	人工的造形のランドシャフトより自然なランドシャフトの方が動植物にとっても価値が高く、我々も心の安らぎを感ずる	庭園文化の根強い日本では、往々にしてランドシャフト像を必要以上に人工的にデザインしてしまいがちなので要注意！
b	自然に放置されたランドシャフトは、10年を経ずして森林となるので、場合によっては維持管理は重要である	水の浸食力の強い河川内や海岸、さらには崖崩れ・雪崩の頻発地帯などを除いて、放置された土地は、ほとんど例外なく森林へ戻る！
c	ランドシャフトとは外観のことだけではない	せせらぎの音、水が岩にはじける音、滝の音、風が木立の葉をゆらす音、小鳥のさえずり、森の匂い、草花の香り、潮の香り、水の匂い、森や小川の小径を踏みしめる感触、滝の水しぶきの顔へかかる感触、…これらすべてがランドシャフトである！

6．親水性
～レクリエーション／保養／アメニティ／冒険／リフレッシュ／リラックス～

●写真1-37
■親水性・外堀遊歩道／
チューリッヒ市内 1984年施工
中世に街の防衛のために建設された外堀は、兵器の進歩と経済の変革でその機能を失った。近自然遊歩道の建設により、都会のオアシスとして今再び蘇った。

川は、多くの動植物にとってのかけがえのないハビタート（生息空間）として重要であると共に、我々人間にとっての感性や精神衛生上での大きな意義をも忘れてはならない。水辺は人間のハビタートでもある（写真1-37～38）。

（「4. エコシステム（生態系）、4.1. なぜエコシステムが重要なのか？、4.1.3. 精神衛生（心理学/医学）上の理由」の項参照）

我々の、日常生活のストレスからくる精神的・肉体的疲労を癒し（リフレッシュ、リラックス、心の平穏）、生きる活力を取り戻させてくれる。そのような力を自然で美しい川は持っている。

●写真1-38
■礫洲／バイエルン州ミュンヘン市内イサール川
100万都市ミュンヘンにとって、市内を流れるイサール川は貴重な親水空間だ。きれいな水質と広い礫洲がその価値を決定する。夏場は足の踏み場もないほどの「裸んぼ天国」となる。イサール川の近自然化はその意味からも重要な課題だ。

　また、発育成長途上の子供達の冒険体験は、健全な情緒・人格形成上大変重要なものだ。子供から冒険を遠ざけることは、精神構造の成長を歪めてしまう危険性がある。ナイフで手を切った経験のない（従って、その痛さや危険性を体得していない）子供が成長してナイフを手にした時、これは大変に危ない。水の強さ、水の怖さを体験していない（従って、その素晴らしさも分からず、畏敬の念もない）子供が成長した時、やはり大変に恐ろしい。

　肉体的精神的健康を保持する努力をしなければ、ヒトという種の生存はあり得ない。その意味で、川は豊かな自然を持つと同時に、人間がその自然と接することのできる可能性を持っていることが望ましい。

　これが親水性の真の意味だ。表面的な河川デザインと取り違えてはならない。

　しかし、この人間への配慮と、動植物への配慮とは相反する。つまり親水性と自然生態系保護とは必ず矛盾し、一方を立てれば他方は立たず、その逆もしかりだ。故にスイス・ドイツにおいては、この二者を空間計画（ゾーニング・プラン、土地利用計画）の段階で明確に分離する。さらに、非常に広い連関を考慮する生態プランニングの考え方に基づいて道路・駐車場などを予め整備することにより解決（妥協ではあるが）している。

7. コスト
〜安く上げることが、

7.1. 従来工法よりコストが安い

7.1.1.「近自然工法はコストが高い」という誤解

「近自然工法や多自然型川づくりによる河川改修は従来工法に比べ

て高い」という認識が、日本では一部に根強く存在する。本来これは正しくない。スイスやドイツでは、従来工法に比較し（厳密な比較は不可能だが…）、むしろ安上がりといえる。

> コスト高は、近自然河川工法への無理解から来る
> ・正しい原則を理解せずに、従来工法の表面だけを石張りや緑化などで近自然河川工法に見せかけれは、コストは必然的に高くなる

7.1.2. 従来工法と近自然工法との建設費の比較

チューリッヒ州における建設費の比較事例を3事例示す。

事例1. トゥール川

計画高水量：1,500 m³／秒（100年に一度の確率）

	従来工法	近自然河川工法
総工費	3,912,000 スイスフラン （約3.8億円）*	11,460,000 スイスフラン （約11億円）*
改修距離	1.08 km	4.04 km
1m当たりの工費	3,656 スイスフラン （約35万円）*	2,837 スイスフラン （約27万円）*

＊ 用地買収費は含まず

事例2. グラット川

計画高水量：150 m³／秒（100年に一度の確率）

	従来工法	従来工法（洪水対策） 近自然河川工法（造形）
総工費	3,404,000 スイスフラン （約3.3億円）*	4,516,000 スイスフラン （約4.3億円）*
改修距離	1.87 km	2.236 km
1m当たりの工費	1,820 スイスフラン （約17.5万円）*	2,020 スイスフラン （約19.5万円）*

＊ 用地買収費は含まず

事例3. トゥール川

計画高水量：1,500 m³／秒（100年に一度の確率）

20m 当たりの工費

	従来工法（空石積み護岸）	近自然河川工法（水制）
砕石	240 トン 15,600 スイスフラン （約 150 万円）	112 トン 8,740 スイスフラン （約 84 万円）
植栽	―	2,880 スイスフラン （約 27.7 万円）
合計	15,600 スイスフラン （約 150 万円）	11,620 スイスフラン （約 111.7 万円）

＊浚渫・掘削など両工法に共通な費用は割愛
（資料: チューリッヒ州建設局 廃棄物・水・エネルギー・大気部 河川建設課）

●写真1-39
■建設コストの高い例／
1990～91年施工
資料：桜井善雄氏
安全上固い改修が必要な場合もある。問題は、本当に固い改修が必要なのかどうかだ。自然石で表面をお化粧する手法は景観的には評価できる。エコシステムからほとんどメリットがないし、何よりコストが高い。それだけ、地球環境へ負荷をかけていることを認識すべきだ。

《57頁 写真1-24参照》
■建設コストの安い例／
クレープスバッハ川
1995年施工　資料：資料：
チューリッヒ州建設局廃棄
物・水・エネルギー・大気部

7.2. 高コストの原因

高コストの三悪

1	オーバー・プロテクト	過剰防衛
2	オーバー・デコレイト	厚化粧・虚飾
3	ショート・ターム	初めから造形しすぎ

7.2.1. オーバー・プロテクト

生命財産のすべてを1本の堤防に託すと、その規模はどうしても大きくなり、コストが上がる。

7.2.2. オーバー・デコレイト

今までコンクリートで造ってきた堤防を、石積みにしたり、表面を自然石で化粧したりすれば、コストが当然上がる。ましてや、河川庭園を目指して庭石や庭木を使えば、コストは際限なく上がる（写真1-39～41）。

7.2.3. ショート・ターム

新しい造形を導入はするが、その造形目標像を竣工時に実現しよう

V　河川改修における重視点と目標

●写真 1 - 40
■建設コストの高い例／1994〜95年施工　資料：桜井善雄氏
庭園は世界に誇る日本文化だが、問題は川と庭園の混同にある。川には川独自の重要な機能があり、庭園では代替できない。それはダイナミクス（浸食・堆積・洪水）とエコシステム（河川生態系）である。

●写真 1 - 41
■建設コストの安い例／ネフバッハ 1983年施工
これも人工の川なのだ。本当の自然の川と異なるのは事実だが、土地のない状況でほとんどお金をかけずにここまでできるという良い見本だ。この川はスイスで、市民、研究者、マスコミ、政治家などの啓発用として長年利用されてきた。

とすれば、コストが上がる。

7.2.4. 石油エネルギーの過剰消費

最終的にこれらすべては、石油エネルギーの不必要な消費に帰結し、コスト増ばかりか環境への負荷を増大させる。

石油エネルギーの使いすぎ

・不適切な建設材料の選択	正しい材料を必要なだけ投入するのが基本。材料は、現場調達を理想とし、できるだけ近郊から集める。遠隔地や海外からの輸入が最悪。輸送法は、船-鉄道-トラック-飛行機の順に効率が悪化する。
・過剰な建設料の投入	
・建設材料の長距離輸送	

7.3. コストの低減法

では、どうしたら良いのか？
高コストの原因の逆を実行すれば良いのだが…

7.3.1 不必要に石を多用しない

石は、どうしても必要な場合に限って、必要な箇所に必要な量を投入すべきだ。
何度も繰り返すように、近自然河川工法では、コンクリートを止

めれば良いというものではない。かつてコンクリートで造っていたものを、その代わりに石積みを使用するのでは、これは高価になる。石積みが避けられない場合でも、不必要な箇所（例えば、内カーブなど水の浸食力の弱い水裏部）には投入しない。

7.3.2. 近自然工法と造園とを取り違えない

川は庭園ではない。川には豊かなエコシステム（生態系）が存在し、ダイナミックで複雑な自然の営みがある。庭園にはそれらがない。

造園にはお金がかかり、近自然工法には時間がかかる（自然が年月をかけて造形するという意味において）。

7.3.3. 初めから造形しすぎない

必要最低限のポイントのみ押さえて、後は水や草木など自然が造形するのを待つべきだ。つまり、太陽エネルギーの有効利用だ。

造形法に関するアイデアは正しくても、自分が描いたイメージを竣工時にすでに達成しようとすると、浚渫・盛土・石組み・植栽などに多大なコストがかかる。石油エネルギーを大量に消費するためであり、地球環境に対する負荷も大きい。河積（川の横断面積）の確保や、どうしても必要な護岸など、重要なポイントのみを押さえ、初期植栽など最低限に止めるべきだ。

7.3.4. 建設材料は現場調達をベストとする

同じ石でも、輸送距離が長いとコストが上がる。消費する石油エネルギー量が多いからだ。石の岩質、草木の在来種の問題も含めて、建設材料の現場調達が最も良い。それが不可能であれば、できるだけ近郊から同種のものを調達する。この建材の近郊調達能力が、これからの良い建設業者の重要な条件の一つになる。

7.4. コストの原則

河川改修コストは以下であればあるほど高い。

Ⅴ　河川改修における重視点と目標

高コストの要因
- ●洪水安全性の必要度が大きいほど
- ●造形目標像が人工的であるほど
- ●目標像の実現時期が短期であるほど
- ●石油エネルギーの消費量が大きいほど
- ●市街地ほど

コストを低減するための原則は以下のような項目となる。

低コストの原則
- ●不必要な洪水安全性を避ける
- ●できるだけ自然な造形目標像にする
- ●目標像の実現時期を遠い将来に取る
- ●石油エネルギーの消費量をできるだけ低く抑える
- ●市街地と田園で川造りを変える

　低コストは石油の消費量と、従って環境負荷が少ないことを一般的に意味する。しかし、単に業者やメーカーに「まけろ！」と言って抑えるコスト低減のことではない。

　これらを概念的にまとめると以下の表のようになる。

コストから見た河川改修

建設コスト	低	中	高
河川タイプ	自然	郊外	市街地
洪水安全性	低	中	高
造形目標像	自然	近自然	人工的
実現時期	長期	中期	短期
ダイナミクス	大	中	小
エコロジー	良	中	悪
土地確保	広	中	狭
石油消費	少	中	多

VI　設計原則

新たな河川設計原則
・マニュアル化（標準化）を避け、川の個性を見る
・改修は最低限に、しかもソフトに：自然への土木介入は極力避ける
・すでに固い改修を受けた川の近自然化は積極的に行う

1．マニュアル化（標準化）をしてはいけない
　　～川の個性を尊重する～

　川は一つとして同じものはない。同一の川でも、エコシステム（生態系）まで含めて同じ部分は皆無だ。観察の視野が広ければ広いほど、そして深ければ深いほど、その川独特の素晴らしい個性や、部分部分の豊かな表情が見えてくる。

　この近自然工法における基本理念を理解すると、設計のマニュアル化（標準化）をしてはいけないことが分かる。マニュアル化の可能性は近自然河川工法の原則にのみ限定される。

　今まで我々は、すべての川に同一のユニフォーム（コルセットと表現する人もあるが…）を着せていたわけだが、これを、それぞれの川に似合うオーダーメイドの服にしようというわけだ。「赤いユニフォームを止めて、トレンドの緑のユニフォームに変えよう！」というのではない。

　「近自然河川工法」や「多自然型川づくり」のマニュアル化を求める声が、日本の技術者達の間に根強く存在する。
　その主張は、
　　a．誰でも近自然河川工法ができるようになる
　　b．間違いがなくなる
というものである。

「誰でも」とは、「思想・理念・原則を理解しない技術者にも」または「思想・理念・原則を理解する人がプロジェクトにいなくても」という意味であり、また「間違いがない」という表現の裏には、「責任を取らなくても良い」と言う意味が含まれている。この背景には、現代の日本の社会状況の大きな問題点がある。
　それは、
　　a．今まで同様、技術者のみで川を造りたい
　　b．住民は自らの責任をも含めて、すべての責任を行政に押し付ける
　　c．河川担当者は多くの現場を短時間にこなさなければならない
という点だ。そろそろ我々日本人も旧弊を改める時だろう。

2．改修は最低限に、しかもソフトに
〜自然への土木介入は極力避ける〜

　自然の川に手を入れる必要がない場合、あるいは、手を入れる必要のない部分が存在する場合、そこへの土木介入は極力避ける

　近自然河川工法でも、自然その物にはなり得ないのだ。

　止むを得ず土木改修する場合も、できる限りソフトな材料やソフトな工法を優先する

　ここで、リスクの見極めを含めた土木技術者の資質と能力が問われる（「第2編．河川改修、Ⅰ．河川改修プロジェクト、7．設計」の項参照）。

3．川の近自然化は積極的に行う

　すでに固い改修を受けている川を再改修して近自然化する場合は、積極的に推進すべきだ。その場合には、河畔も含めるべきだ。

同じような意味に用いられる言葉として、「近自然化」の他に「再活性化」と「再自然化」とがある（**写真1-42**）。

厳密な定義は専門家達にも困難だが、「再自然化」とは「広大な土地を確保して、川や自然のなすがままに全く放置する」といった徹底的な方策（ある意味からは理想の方策）を指す。それに対して、「再活性化」は、「限られたな範囲内でできる限り自然やエコシステム（生態系）を健全化する」、または「人間の生活と自然との折り合いを付ける」ことである。

「近自然化」はそれらすべてを包含すると定義できる。

近自然化	再活性化 ＋ 再自然化
再活性化	限られたな範囲内でできる限り自然やエコシステム（生態系）を健全化する、または、人間の生活と自然との折り合いを付ける方策
再自然化	広大な土地を確保して、川や自然のなすがままに全く放置する徹底的で理想的な方策

●写真1-42
■近自然化／再自然化・トゥール川1998年施工
一次改修での護岸を撤去して、後は放置する再自然化例。バイエルン州ではイサール川（1990年より段階的に実施）に実施例がある。河畔の木々は根方がスチール・ワイヤーで固定されており、これらが洪水による浸食により倒された時点で倒木水制として機能する。

[第2編] 河川改修

【要　約】

近自然工法における河川改修では、土木・景観・生態の最低3名がチームを組み、洪水安全性、水質、エコロジー、ランドシャフト、親水性、コストなど様々な利害を高度に調和させなければならない。

最重要のキーポイントは、川が本来持っていたダイナミクス（浸食・堆積・洪水）をどの程度許せるか、または戻せるかだ。

また、竣工を河川改修の終了と見ず、数年から数10年先に目標を定めるのが、エコロジー、コストなどを含めて成功のカギである。

Ⅰ 河川改修プロジェクト

1. プロジェクトの流れ

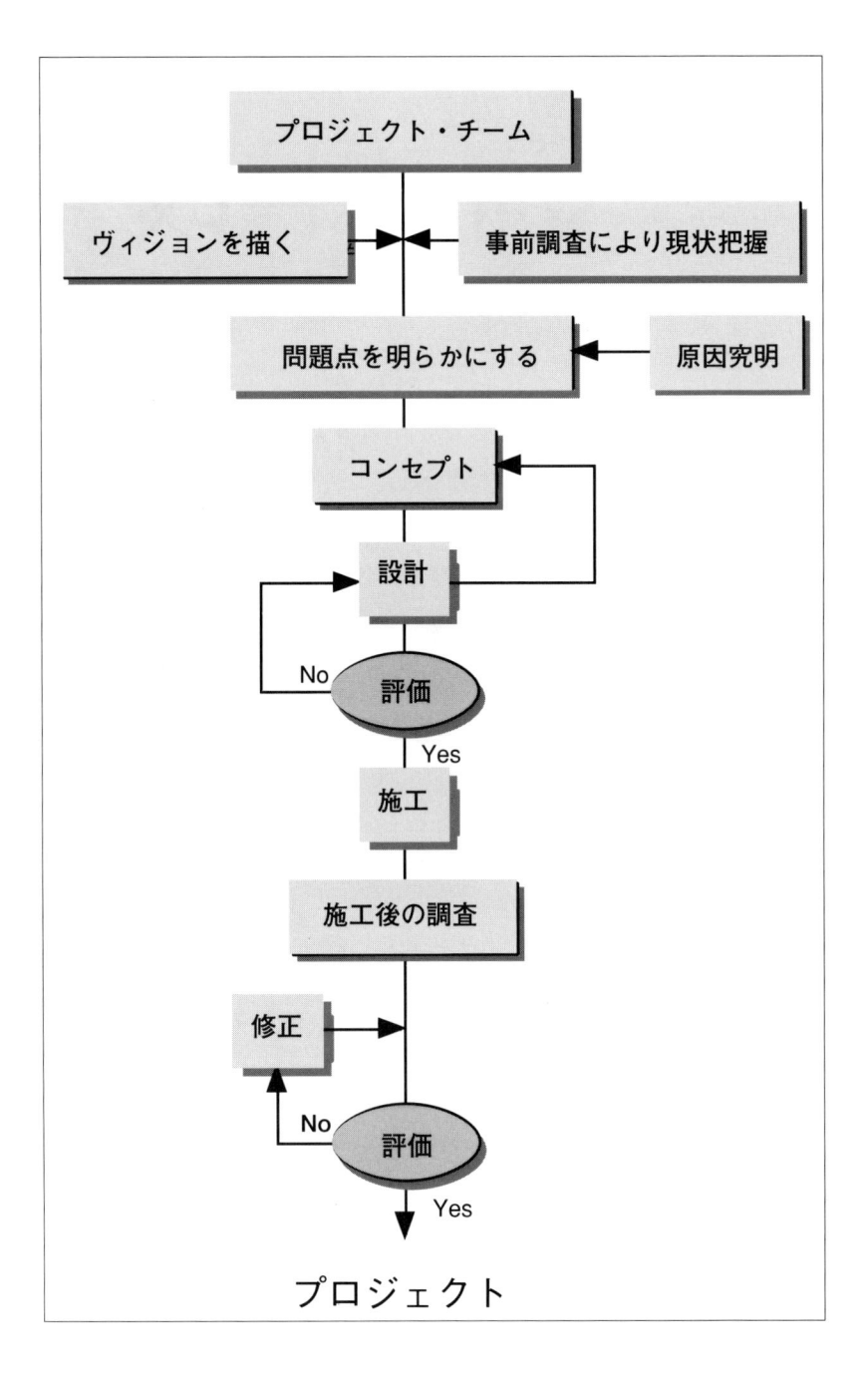

```
          プロジェクト・チーム
                │
  ヴィジョンを描く ─┤├─ 事前調査により現状把握
                │
        問題点を明らかにする ← 原因究明
                │
             コンセプト ←─┐
                │        │
              設計 ───────┘
         ┌──No │
         │    評価
         │    │Yes
         │   施工
         │    │
         │  施工後の調査
         │    │
         修正 ←┤
         │    │
         └No─ 評価
              │Yes
              ↓
```

プロジェクト

第2編 河川改修
78

2．プロジェクト・チーム
　　（土木・景観・生態・他）

●土木工学　　　●景観工学　　　●生態学

　最低、上記の専門家の3名でプロジェクト・チームを作る。
　スイス・チューリッヒ州やドイツ・バイエルン州では、基本的にこの3名がチームに参加していないとプロジェクトとして認めない。プロジェクトの大きさや場所、さらにその抱える問題の種類によっては、複数の専門家やさらに地質学、化学（水質問題）、建築、歴史学、社会学、心理学、法律（土地買収、収用問題）、などの専門家が参加する。

　土木技術者か景観工学家がチーム・リーダーとなることが多い。リーダーはチームの構成員を決め、メンバーが最大の能力を発揮できるよう、メンバー間のうまい調整をはかるコーディネーターとしての能力を求められる。

　いずれにしても、チームの全構成員には自分の専門分野でのスペシャリスト（専門家）としての深い知識と同時に、様々な連関を見通せ、チームメートとの対話や協調ができるジェネラリスト（普遍家）としての広い視野が求められる。

チーム構成員に求められる条件

> スペシャリスト（専門家）としての深い知識と、ジェネラリスト（普遍家）としての広い視野を備える

2.1. 土木工学家

土木工学家の役割
- ●人間の生命・財産面の代弁者
- ●洪水安全性に対する責任：保護目標の設定と洪水対策プランの提案
- ●景観・生態・親水上の要求を具体的な工法として実現

- ●コスト計算
- ●設計図作成

　土木技術者は、特に洪水安全性（計算、実験、設計）に対する最終責任を負う。また、様々な利害関係や要求を工法という具体的な形にする。

2.2. 景観工学家

景観工学家の役割
- ●人間の心の面の代弁者
- ●プロジェクトの現場付近のランドシャフトの本質や長所短所などを見抜く
- ●その川がどうあればその場のランドシャフトに相応しいかを提案
- ●特定の地形地質であれば川はいかにあるべきか、いかに流れるべきかを、地質学家と共に提案*
- ●その場所における改修ではいかなる材料（石や砂利の大きさや種類など）をいかに使用すべきかを提案
- ●その土地に相応しくしかも改修の目的にかなった植生（特に樹木）は何かを提案
- ●今、工事で何をすれば、また何を植えれば、2年後、10年後、50年後、100年後に川はどう変化発展していくのか、いけるのかを提案
- ●逆に、目的とする河川像の実現のためには、いつ何をすべきかを提案
- ●求めるヴィジョン（目標像）をヴィジュアルに描く

　景観工学家は、造形面での仕事を受け持つ。しかし、これはともすると造園家または河川デザイナーと誤解され易いが、その実体はむしろ、ランドシャフトや造形の本質や変転遷移などに関する提案をする。

　プロジェクトが求めるヴィジョン（目標像）をヴィジュアルに描くのも景観工学家の役目だ。また生物学の専門家は動物に重点が偏

地形地質と川
川の形態とエコシステム（河川生態系）を決定するのは、気象気候と地形地質だ。似たような地形地質に似たような規模の川が流れると、その形態やエコシステムは似る。

りがちなので、景観工学家の樹木に関する豊富な知識は大変重要だ。

また、景観工学家は土木工学と生物・生態学との双方に理解があるため、プロジェクト・チーム内の技術者と生態学家との橋渡し役を務めることも多い。

この景観工学は、造園から近年ようやく派生発展した新しい専門分野である。

2.3. 生態学家

生態学家の役割
- 動植物の代弁者
- エコシステム（生態系）のヴィジョンを描く（本来あるべきエコシステムの状態を指摘する）
- 生態調査（事前＋事後）の実施と結果のとりまとめ、評価
- エコシステムの問題点を指摘
- エコシステムへの侵害の可能性や健全化手法を提案

生態学家の本格的な参加が、従来工法との大きな相違点だろう。彼等（彼女等）は物言わぬ動植物の代弁者となる。生物学家は、ある特定の動植物種の研究者であることが多いが、ここでは大きな連関をも見るジェネラリスト（普遍家）としての目を要求される。

ジェネラリストとしての生態学家は、単に生態調査を実施しそのデータをまとめるだけではなく、現場のエコシステム（河川生態系）は本来どうあるべきなのか、何が欠けており、どうすれば本来の状態に戻せるのかを提案する。

3. ヴィジョンを描く

プロジェクトの最初の仕事は、チーム構成員全員が現場を観察した上で、その川の「**ヴィジョン（理想像／目標像）**」を描くことである。実現可能かどうかは、この際考慮しない。

ヴィジョンとはプロジェクトの進むべき方向であり、到達点とは

限らない。ヴィジョンのない設計は、方向を定めずに歩み出すことであり、無駄が多いと同時に大変危険でもある。ヴィジョンなしでは、成功はおぼつかない。

ある地形、地質、気象、気候、水量、水温、… であれば、本来川はどうあるべきなのか？ エコシステム（河川生態系）は本来どうあるべきなのか？ かつて人間が入植する前はどうだったのか？

古地図や近くの似たような状況の自然の川が、ヴィジョンを描く手助けとなる。

素晴らしいヴィジョンを描くことができれば、成功は半分約束されたようなものと言えるであろう。

川のヴィジョンを描く
・モルフォロジー（河川形態）：景観工学家の役目
・エコシステム（河川生態系）：生態学家の役目

4．事前調査

近自然河川工法における実際のフィールドワークは、生物・生態学家による現場付近のエコシステム（河川生態系）の事前調査に始まる。貴重な種の存在や、生態バランスの大きく崩れている場所、さらに改修工事によって崩れると予想される場所などが特定される。この調査結果は設計に影響を与えるばかりではなく、プロジェクトの規模によっては後述のUVP（環境調和テスト／環境アセスメント）の判定基準ともなる重要なものだ。さらに、工事後の追跡調査の結果との比較において改修工事の正否を問うための、必要欠くべからざる基礎資料となるのだ。

調査すべきポイントは、プロジェクトの抱える問題によって変わる。一般的には次頁上の表のようなものである。

河川改修における事前調査項目

土木工学	・洪水安全性 ・堤防・橋脚など構造物の強度 ・過去の改修状況
水質	・汚染物質と汚染源
水文学	・ダイナミクス（浸食・堆積・洪水）と掃流土砂の流下バランス ・モルフォロジー（河川形態）
エコロジー	・エコシステム（河川生態系） ・貴重種の存在
ランドシャフト	・周辺との調和
親水性	・住民の心の面から川を見る
地質学	・地下水、地下水流、伏流水、インターフロー ・地質構造
その他	・付近の土地利用

5. 問題点を明らかにする

　描かれたヴィジョンと、目の前の現実の川とを比較してみる。理想像とはほど遠いかもしれない。理想と現実はどこがどう違うのか、何が欠けているのか、または現実の川の問題点は何なのか、確認しておけなければならない。

　　　問題点 ＝ ヴィジョン（理想像） － 現状（事前調査結果）

具体的な問題点とは、例えば、以下のような項目である。

河川とその周辺の問題点
●周辺の集落や工場、道路や鉄道、さらに農地などに対する洪水安全性が一般的な目標設定値より低すぎる
●川の土地が少ないか周辺の土地利用が不適当であるため、冠水空間が不足している
●周辺農地や集落からの水質汚染が甚だしい
●川本来の浸食堆積のダイナミクス（浸食・堆積・洪水）が阻害されている
●強い改修を受けていて、エコシステム（河川生態系）が打撃を受けている

- ●ダムや取水により、平常時の水量が少なすぎ、エコシステムが維持存続できない
- ●河幅（かわはば）が制限され、流速が不自然に大きい
- ●低水路*が不自然に広く、普段の水深が浅すぎる
- ●堰や落差工*などにより、川が分断され、魚や小動物が遡上できない
- ●本来あるべき河畔林／水辺林やヤブが伐採されている
- ●水量と河道幅とのバランスが崩れ、河川ランドシャフトとしても不自然だ
- ●木々の伐採、不自然な河川形状、不適当な建設材料の使用、外来種の植栽などにより、付近のランドシャフトと調和しない
- ●住民が川面へ近寄れず、親水の場とはならない
- ●人工的な造形で、住民にとって本当の安らぎの場とはならない

<u>低水路（ていすいろ）</u>
河川において、水が通常流れることができるところ

<u>堰（せき）や落差工</u>
農業用水や水力利用のために水をせき止めるのが堰。河床の浸食低下を防ぐなどの目的で、勾配の調節のために人工的な段差を設けるのが落差工。一般的に、堰は大きな高さがあり大規模、落差工は小さなものをいくつも用いる。

6．コンセプト：
　　問題点の優先順位を決める

　ヴィジョン（理想像）が描かれ事前調査の結果より問題点が明らかになってから、問題解決のコンセプトを作り上げる。
　具体的には、前段階でリストアップされた多くの問題点の中から、今回の改修プロジェクトにおいてどれをリカバリー（修復、問題解決）するのか、その優先順位とバランスとを決定する。

　エコシステム（河川生態系）の修復と住民の親水性とは両立しないし、橋脚の安全性とダイナミクス（浸食・堆積・洪水）の再生とはこれまた両立し難い。しかしながら、二者択一というわけではなく、ここに優先順位（バランス）の必要性が生まれる。

　洪水安全性が向上するなら、住民の親水性や川のダイナミクス、さらに周辺のエコシステム（生態系）はどうなっても良い、というわけではない。
　コンセプトの如何により、設計が大きく変わる可能性がある。

コンセプト例

優先順位	例1	例2
1	・エコシステムの健全な発展が阻害されている	・周辺の洪水安全性が不足
2	・住民が水辺へ近寄れず、浸水の場となっていない	・堤防や橋脚の強度が不足
3	・…	・…

7. 設計　〜最低限の工事に止めるあらゆる努力をする〜

設計から施工へのプロセス

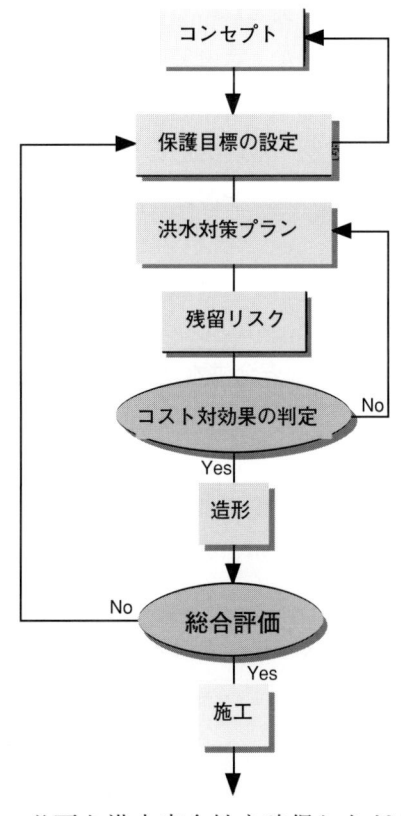

```
コンセプト
   ↓
保護目標の設定 ←─┐
   ↓           │
洪水対策プラン ←┐│
   ↓          ││
残留リスク     ││
   ↓          ││
コスト対効果の判定 ─No┘│
   ↓Yes           │
造形                │
   ↓               │
総合評価 ──No──────┘
   ↓Yes
施工
```

　ここでは、必要な洪水安全性を確保しながら、いかにして土木工事を最低限に止め、しかもエコシステム（河川生態系）に有利な材料や手法を優先的に採用するか、について述べる。

　プロジェクトによってはエコシステム（生態系）の再生復元が主

目的で、洪水安全性などの問題が全くない場合もあるので、以下の項目がいつもすべて当てはまるわけではない。普通、必要な洪水安全性を確保しながら、水質、エコシステム、ランドシャフト、親水性、ダイナミクス、モルフォロジーにも配慮するために、以下のような手法を用いる。

7.1. 対象別保護目標*の設定

いくら100年に一度の洪水に備えて河川改修をしても、200年に一度の洪水や1000年に一度の洪水はいつか必ず来る。しかもそれは明日かもしれない。完璧な治水などあり得ないのだ。

「川の水は堤防の存在にもかかわらず必ず溢れる」という厳然たる事実を認めるなら、どの地域をどの程度の洪水に対して守れば良いのか、また守らなければならないのか、その工事の必要最低限度を決定する必要がある。またそれは、スイスの場合、河川改修に関する連邦法の求めるところでもある。

> 法文の中では、「建設措置においては、その優先順位を定めること。その際、保護すべき目標の意味（価値）を尊重すること。」と、うたわれている。

正しい保護目標値を設定するために技術者の大きな助けとなるのが、州によって予め調査・規定された、

「安全洪水基準レベル図」または「洪水危険ゾーンの規定図（ハザード・マップ）」（口絵IV頁参照）

と呼ばれる非公式*（1999年現在、法制化されていないため住民に閲覧権はない）の目標計画図だ。そこでは、どこにどれだけの安全度が必要かが明示されている。

> **対象別保護目標**
> 市街地、道路、農地、森林、…、など洪水から保護すべき対象物件のうち、どこをどれほどの洪水から保護するか、それぞれの目標を決めること。

> **非公式**
> 1999年現在、法制化されていないため、住民に閲覧権がない。法制化すれば、承認に住民投票が必要となるだろう。

スイスにおける対象別保護目標

保護対象	保護目標 (洪水確率)	備　考
人命・財産の密集地	100年	現実的な最大限の安全性を確保
まばらな人家・道路	50年	道路は冠水による被害が少ない
農地・牧場	20年	冠水時間とその際の水流に注意
森林・草原	5年	ほとんど守らない
河畔林・旧河道	0年	洪水の度に冠水

この考えの背景には、以下の認識がある。

対象別保護目標設定の背景

a	水の大循環を健全化することにより洪水安全性を確保する （できるだけ土木工事以外の間接手法を用いる）
b	エコシステムや環境への負荷を低減する （工事規模が小さくなる）
c	市街地など重要な場所の安全性を向上させ易い （一部を冠水させることにより他の場所の安全性が上がる）
d	コスト対効果を現実的に設定できる （広い面積に高い保護目標値を設定するほど施工コストが上昇する）

水やエネルギーの絶対量が変わらない限り、下位対象を守りすぎることは、必然的に上位対象への危険性を増す結果となる。

危険の確率が高い場所では、住民にも予め警告し、さらに移転を勧告することもある。（「思想・理念・原則、Ⅳ.洪水対策、4.自然災害を予防するゾーニング」の項参照）

7.2. 護岸から流線*のコントロールへ

かつての河川改修における設計とは、堤防や低水護岸の設計を意味していた。つまり水の浸食負荷をいかに受け止めるかが、技術者の仕事だった。近自然工法においては、もう少しうまいやり方を使う。あらゆる間接手法を用いて雨水の川への急激な流入を抑えた上で、遊水池や越流堤で洪水ピークを落とし、さらに護岸や堤防と水との直接対決をできるだけ避けるのだ。

流線のコントロール

流線（りゅうせん）
力には、大きさと方向が存在する。力の影響を減らすには、大きさを減ずる（エネルギーを消費させる）か方向を変えれば良い。

◆流線のコントロール
かつて水の浸食力を岸が直接受け止めるために固い護岸が必要だった。エネルギーの方向を曲げることが可能なら、浸食力と護岸との直接対峙を避けることができる。

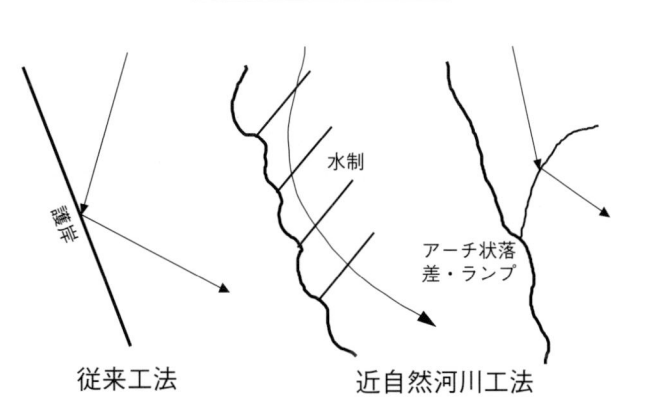

従来工法　　近自然河川工法

エネルギーのベクトル
運動エネルギー（仕事をする能力）には、大きさと方向（ベクトル）がある。

川の断面形状
両側の法面（のりめん、土手など人工の斜面）が急勾配だと、わずかな水量や流速の変動が大きな水位の変化をもたらす

堤外地（ていがいち）
左右の高水堤の間の川の部分。川の外の人間が住んだり農地利用する側を堤内（ていない）という。現在の感覚からは逆だが、かつては集落の回りを堤防で守ったことに由来している。

流心（りゅうしん）
川の流れの最も速い部分で、カーブでは中心にあるとは限らない。一番深い部分を結んだ線は澪筋（みおすじ）といい、これも中心にあるとは限らない。川の物理的な中心線は法線（ほうせん）という。

割石（わりいし）
砕石（さいせき）ともいい、石切場から供給される石材。石垣や水制を積むのに最適。河原や海岸から供給される角の丸いものは玉石（たまいし）という。

水制（すいせい）
空石積みなどで岸から川の中心線方向へくさび状に突き出て水流を制御する構造物や工法のこと。複数の水制をグループとして設置するのが正しい使用法。伝統工法のひとつ。上向水制、直角水制、下向水制などがあり、目的によって使い分ける。

◆リブ構造
コンクリート護岸と水制の中間的な工法がこれ。高水堤内壁からリブ（肋骨）状または櫛歯状に流心方向へ構造物を伸ばし、その間には巨石や廃材を投げ入れておく。全体を覆土して普段は見えないが、大きな浸食があると露出する。

　洪水時の水流が堤防や岸へぶつかる強大なエネルギーのベクトルを、手前で曲げ弱めてやれば良い。こうすると流速がわずかに落ちて、川の断面形状によっては水位がほんの少し上がることもあるので、河積（川の横断面積）に余裕があるか、遊水池などにより予め洪水ピークを低減しておくべきだ。

7.2.1. リブ構造の堤防、水制

　背後地に生命・財産が集中している場合には、確実な高水堤（堤防）や護岸の建設は避けられないだろう。問題はその造り方と、堤外地*の処理とだ。
　護岸は水のエネルギー・ベクトルをコントロールする手法で実現すべきだ。

① リブ構造の堤防

　土堤の芯部をコンクリート壁などでしっかりと造り、流心*側へは川の断面形状に合わせたコンクリート製のリブ（壁状）を櫛歯のように連続的に出す。このリブはすべてが同じ形状である必要はないし、間隔も一定の必要はない。リブの根部へは、流され難いように割石*（コンクリート廃材でも良い）など重量のあるものを詰め、リブ全体を覆土緑化しておく。仮に浸食でリブが露出しても水制*と同様の護岸機能を発揮する。

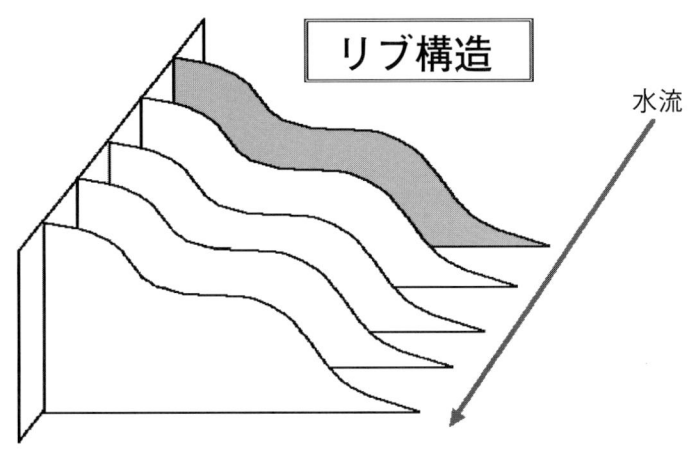

複断面（ふくだんめん）を持つ川
川の断面が普段水の流れる低水路（ていすいろ）と洪水時だけ流れる高水敷（こうすいじき）の2段に分かれた川。単断面に対する表現。

水衝部（すいしょうぶ）
川の外カーブなど水の浸食力の強い部分。
水表（みずおもて）、川表とも言う。

越流上向水制
洪水時に水没させるタイプが越流水制。その頭部（先端部）を上流へ向けたものが上向水制。水流が流心（流れの最速部、川の中心）方向へ曲がるため、護岸の機能を持つ。

ワンド
河岸や湖岸の弓状または入江状の止水域（しすいいき、流れのないか緩やかな場所）で、移行帯をなすことからエコロジー上重要。

② 水制

　特に複断面を持つ川*の水衝部*の護岸に相応しいのが水制だ。護岸のためには越流上向水制*をグループで使用するのが正しい。これはコンピューター・シュミレーション、モデル実験、現場での実験などで効果が実証済みだ。十分な重量のある割石を組み上げた空石積み水制（写真2-01）は、護岸効果ばかりではなく、水制間のワンド*の形成や組石の隙間に稚魚や水生小動物のハビタート（生息空間）を提供するなど、エコシステムにとってもメリットが多い。水制群を設置すると低水路岸や高水堤（堤防）への浸食負荷が減少するので、護岸や堤体をコンクリートからコンビ護岸（石積みとヤナギとのコンビ）へ、さらには植生護岸の土堤へと、強度・経費共に落とせる。しかし、水の浸食力に対する複合体としての強度は十分に確保されている。

　（「水制の理論と計算」イヴァン・ニキティン著、福留脩文・山脇正俊訳、信山社サイテック刊、を参照）

●写真2-01
■空石積み水制／トゥール川 1994年施工
巨石による空石積み水制は、近自然河川工法の看板スターである。越流上向水制は護岸に大変有効だが、どこにでも導入できるわけではない。川にある程度の規模が必要であり、周囲にあまり土地の余裕がない場合に適す。どこにでも適するわけではない。写真は平常時のもので越流していないので、導流工または単に障害物として機能している。

7.2.2. フィックス・ポイント、落差、ランプ

　ある程度のリスクを冒せる場所では、固い護岸はほとんど不要だ。ただし、何もしないと川は本来の野生へ戻る。人間の土地利用の側からそれが許せるのなら、エコシステムやランドシャフトにとってそれが理想だが、普通はある程度の措置が必要となる。

フィックス・ポイント（固定点）
床止め工に類似した河道固定工法で、普通は河床下へ埋め込まれて見えない。河床の固定より、蛇行をある程度だけ許すことを目的とする。

① フィックス・ポイント（固定点）
　近自然河川工法では、フィックス・ポイント*が良く使われる。

河川改修プロジェクト

1％の河床勾配
100mの距離で1mの高度差の勾配を川が流れることで1/100の勾配とも言う。10‰（パーミル）が1％に相当する。
数値が大きいほど急傾斜。

落差工
河床に丸太、石積み、コンクリートなどで段差を造り、勾配を緩める工法で、流速が落ちることから河床の浸食を減らす。
斜面より階段が滑り難いのと同じ原理。

　これは、流れに直角に一定間隔で設置される弓状の石組み構造物だ。河床下2mほどから巨石を積み、頭頂部のみがわずかに河床に露出している。普通は空石積みで十分だが、1％以上の河床勾配*の大きな場所では石をコンクリートなどで固定（練石積み）することもある。どんな洪水でも流されない強度の確保と、水流が弓列から外れない十分な横方向の長さが重要だ。河床勾配が大きい場合は、このフィックス・ポイントを落差工*とする。

　わずかな河床勾配があれば、流水はこの弓状通路の中をある程度蛇行しながら決してここから外れないことが、モデル実験でも確認されている（写真2-02）。

② 落差工、ランプ工（緩傾斜）

　上記フィックス・ポイントで段差やランプ（緩傾斜）を形成したものだ（写真2-01〜03）。特に河床勾配を調整する必要がある場合に選択する。これらは魚などの遡上に障害物となり易い上、ランドシャフトに調和し難いので、段差やランプを分割・分散したり（写真2-04〜05）、自然な魚道を設置したり（写真2-07〜09）、石組み形状への配慮などが必要だ。また、岸への浸食力を弱めるため、全体をアーチ状にすることが効果的である。

●写真2-02（上左）
■人工のフィックス・ポイント／チューリッヒ州ミュリトーベルバッハ川 1982年施工
床止め工に類似したものだが、相違点は、弓状に造り水筋を逃がさないこと。
●写真2-03（上右）
■落差工／イサール川
一次改修のショートカット直線化により流速が増したヨーロッパの多くの川は、河床勾配の調整のために落差工を入れた。
●写真2-04（右）
■人工のランプ工／イサール川　1991年施工
落差を撤去して巨石でカスケード・ランプを設置した例。水は巨石の間でエネルギーを失う。また上から見て大きなアーチ状に設計してあり、エネルギー流線は中央へ集まる。

第2編　河川改修

●写真 2 - 05
■人工の分割落差工／テス川ロアバス村
段の落差工は段差が大きく、魚にとって大きな障害物となるばかりか、カヌーにとっての危険性も大きい。

●写真 2 - 06
■人工の分割ランプ工／イサール川
ランプも数段に分割すると見た目も和らぐ。これをさらに細かく分割していくとランプ構造が分からなくなり「玉すだれ工」となる。

●写真 2 - 07
■従来工法による魚道／アールガウ州

●写真 2 - 08
■プール式近自然魚道／テス川
ジャンプできる魚だけを考慮した魚道。土地の余裕のない場合に使う。

●写真 2 - 09
■小川式近自然魚道　竣工直後／イサール川
魚ばかりかベントス（底生動物）の遡上も可能。入り口を見付けるのが難しいため、設計にその点の配慮が必要。

I　河川改修プロジェクト

7.3. 護岸は帯工を優先し、一律の設計を避ける

前述のように、水の浸食力と直接対峙する縦工*をできるだけ避け、流線をコントロールする帯工*で対処する方が合理的だ。すなわち、安全性を確保しながら投入材料が少なくて済み、従って経済的だ。また、流れが多様化し自然な水際線が創出されるので、エコロジーにも有利だ。

帯工と帯工との間では、川が自らの持つダイナミクスで浸食・堆積を繰り返すことができ、従って、豊かな河川エコシステム（河川生態系）が発達できる空間を提供することになるのだ。これはランドシャフトの上からも好ましく、親水性も良い。

ある川の上から下までの状況が同一ということはあり得ないので、個々の河川部分に最も相応しい工法を選択しなければならない。例えば、至る所に水制を設置するなどは避けるべきだ。逆に、ただ闇雲にバラエティーに富んだ工法を陳列するのも間違いだ。

7.4. 掃流土砂の流下バランスと地下水位

スイスやドイツを初めとする中央ヨーロッパでは、19世紀中頃より特に大河川を中心とした河川改修が大々的に進められた。この一次改修は洪水対策（水害防止と食料生産のための農地確保）や水路利用（舟運・いかだ*など）を目的としたものだが、これにおける問題は、エコシステムや親水性へのダメージと並んで、掃流土砂の流下バランス*を崩すなど種々の問題をもたらせたしてしまった点だ。

（「第5編. 歴史と背景、Ⅱ. 近代の人口増加と河川改修、Ⅲ. 改修のもたらせた水力学的問題」の項参照）

7.4.1. 掃流土砂の流下バランス

掃流土砂の流下バランスとは、「浸食と堆積とのバランス」のことだ。換言すると、川のある場所における「川が下流へ運び去る土砂の量（流下土砂量、浸食土砂量）と上流から持ってくる土砂の量（供給土砂量、堆積土砂量）とのバランス」である。

縦工（たてこう）
河岸を流れの方向に一律に護岸する工法。低水護岸や堤防が典型的な例。

帯工（おびこう）
流れを横切るように構造物を造る工法。
水制、床止め工、落差工、ランプ工、導流工などが典型的な例。

舟運（しゅううん）・いかだ
鉄道が敷設されるまで、船による物資の輸送、さらに山の木をいかだに組んで街へ流すため、川は重要な交通路だった。

掃流土砂の流下バランス
河床や河岸の浸食と堆積のバランスのこと

自然の川は、長い年月の間に自らのバランスを築き上げた。すべての人工的な河川改修は、河道を狭めて直線化されるため、このバランスが崩れてしまう。

河道を狭めて直線化すると水の流速が大きくなり、河床の浸食と沈下が著しくなる。それと同時に地下水位の低下や護岸・橋脚など建造物への危険性が増大する。そこで、勾配を小さくして河床を安定させる目的で、至る所に床止め落差工が設置された（写真2-10）。

しかし、ダムや堰により上流からの土砂供給量が制限され、浸食傾向を促進したため、抜本的な解決策とはならない。

7.4.2. 浸食と堆積

「浸食」とは、砂利などが流水の力によって動き出すことで、掃流力*が掃流臨界値*を越えていることを意味する。

$$掃流力 = V^2 = g \cdot H \cdot I$$
（V：流速、g：重力加速度*、H：水深、I：河床勾配）

という数学的関係から、「浸食」は十分な流速があることであり、水深と勾配の積が大きい*ことでもある。

また「堆積」とは、今まで十分にあった掃流力が何らかの理由で弱まり、動いていた土砂がある場所で止まることだ。これはすなわち、何らかの理由で流速（または水深と勾配の積）が低下したことを意味する。

土砂が堆積する要因

流速の低下	水量の減少	洪水・増水ピーク後の減水
	河幅の増大	狭い河道が急に広がった場所
	河床勾配の減少	山から平野へおりた途端に沖積扇状地が発達するのはこのため
	せき止めによる滞留	ダム・堰など
	局所的な流速の低下	水深の浅い高水敷上や障害物の周辺など

●写真2-10
■床止め落差工／テス川
緑が多く見た目はそれほど悪くないが、床止めのため河床部が真平らで水深が一律に浅い。不自然であるばかりか、水温が上がりやすく、水性動物にも厳しい条件。

掃流力（そうりゅうりょく）
川の水が土砂を動かそうとする力

掃流臨界値（そうりゅうりんかいち）
土砂が掃流力に逆らって、その場にとどまろうとする力

重力加速度（G）
単位質量当たりの重力。地球の引力が水などの物体にかかる力で、地球上ほぼ一定と考えられる。単にG（ジー）ともいう。

水深と勾配の積が大きい
湖のように水深が大きくても勾配がなくて水が流れなければ、掃流力はゼロ。逆に、乾いたがけのように、勾配は大きくても水がなければ、やはり掃流力はゼロ。

河川改修プロジェクト

しかしながら、ある場所で一つの石が動き（浸食）、後に上流から流されてきた一つの石が止まる（堆積）と、見かけ上は変化がない。故に、問題とすべきは、浸食傾向（浸食過多）と堆積傾向（堆積過多）である。

7.4.3. 浸食傾向と堆積傾向

川のある場所で浸食が堆積をいつも上回ると「浸食傾向」または「浸食過多」と言う。ここでは、洪水時（増水時）に動き出して流下する土砂の量が、上流から来て止まる量（供給土砂量）を上回る。逆に、堆積が浸食を上回ると「堆積傾向」または「堆積過多」だ。ここでは、減水時（洪水中）に上流から来て止まる土砂の量が、下流へ流される量を上回る。

下流への流下量・上流からの供給量と浸食傾向・堆積傾向

浸食傾向	下流へ流下される土砂量が過多	流下量 ＞ 供給量
堆積傾向	上流から供給される土砂量が過多	流下量 ＜ 供給量

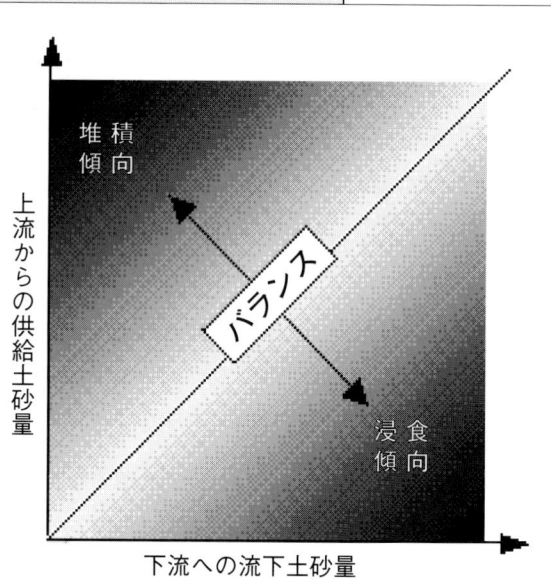

◆浸食堆積1
上流からの土砂供給量が多ければ多いほど、下流への流下量が少なければ少ないほど、堆積傾向が強い。逆に、土砂供給量が少なければ少ないほど、流下量が多ければ多いほど、浸食傾向が強い。

河道幅（かどうはば）
実際に水の流れる可能性のある場所が河道で、河床と河岸を合わせたもの。河道幅はその幅。

川は場所によって、河道幅*や勾配など物理的条件が異なる。条件により同じ水量でも、ある場所では浸食し、他の場所では逆に堆積し得る。つまり、同じ水量でも掃流力（流速）が異なる。何がこ

の掃流力（流速）を変えるのか？

$$掃流力 = V^2 = g \cdot H \cdot I$$
（V：流速、g：重力加速度、H：水深、I：河床勾配）

だから、水深と勾配がその決定要因だ。水深は水量と河道幅と勾配でほとんど決まる。故に、同一の水量の時に掃流力を決定する主要素は、「**河道幅**」と「**河床勾配**」の２点である。

掃流力（流速）を決定する主要因

	大	小
河道幅	掃流力　小	大
河床勾配	掃流力　大	小

浸食傾向・堆積傾向の要因

	大	小
河道幅	堆積傾向	浸食傾向
河床勾配	浸食傾向	堆積傾向

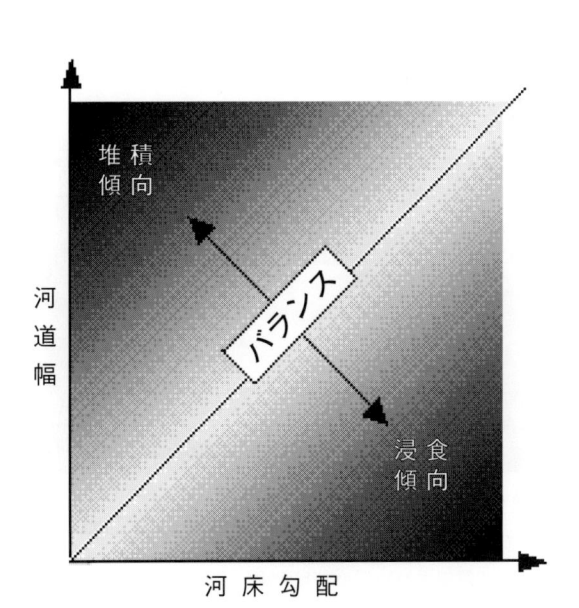

◆**浸食堆積２**

河道幅が広ければ広いほど、河床勾配が緩ければ緩いほど、堆積傾向が強い。逆に、河道幅が狭ければ狭いほど、河床勾配が急であれば急であるほど、浸食傾向が強い。

7.4.4. 掃流土砂の流下バランス調整

掃流土砂の流下バランスは人間による河川改修により崩れたのだが、川の形態をを完全に元へ戻すことは不可能だ。浸食堆積（掃流土砂の流下バランス）を人為的にコントロールするには、何をすべきか？

浸食傾向から堆積傾向へ

1	河道（低水路）の拡幅化	・河幅を水量や河床勾配に調和させて広げると、流速が低下し、堆積傾向へ戻る
2	流路の延長（旧線の復元）	・ショートカット以前の蛇行へ戻すと、流路が長くなって勾配が減少し、流速が低下し、堆積傾向へ戻る（ただし、河積の確保など安全性に注意）
3	土砂の再供給	・上流のダムや堰に溜まった土砂を、再び川へ戻す

この3点が、現在スイス、ドイツで実践している解決策であり、かなりの実績を上げている（写真2-11～20）。

堆積傾向が助長されると、土砂が溜まりっぱなしになるように思われがちだが、そうではない。土砂の間に川が自ら流路を形成し、自然な流下バランスを取るからだ。工事後、このプロセスの観察が必要なことは言うまでもない。

●写真2-11　　　　　　　　　　●写真2-12
■ロイサッハ川の拡幅前（左）と拡幅後1992年施工（右）資料：カール・ライトバウアー、アルント・ボック
20世紀初頭の一次改修の状態で真直ぐで一律に浅い河道を、直線の護岸と定期的な床止めを撤去し、拡幅化した。要所要所は巨石で護岸され、浸食が無制限に進まないよう配慮してある。自然のダイナミクスがある程度復活したため、早瀬や淵が生成し川のモルフォロジーは多様化した。

●写真 2 - 13　　　　　　　　　　　　　●写真 2 - 14
■トゥール川の拡幅実験前（左）と拡幅実験後 1998 年（右）
19 世紀後半に直線化の一時改修を受け、巨石とコンクリート・ブロックで護岸されたものを、一部護岸を撤去し、川の振る舞いを観察した。洪水後、予想通り堆積傾向へ転じ、中洲が生成された。

●写真 2 - 15　　　　　　　　　　　　　●写真 2 - 16
■アルトミュール川の拡幅前（左）と拡幅後 1999 年（右）
細い直線の河道は浸食力が大きく、河床浸食と河床沈下が避けられなかったが、河岸帯の買収により拡幅化が可能になった。河床沈下防止と同時にモルフォロジーと立地の多様化も実現された。

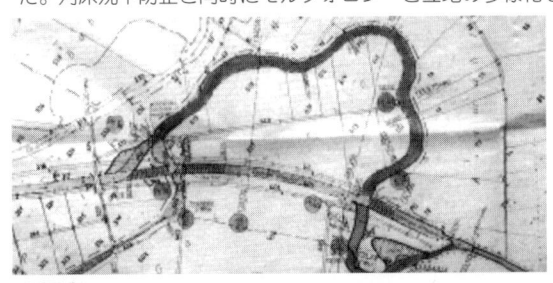

●写真 2 - 17　　　　　　　　　　　　　●写真 2 - 18
■アルトミュール川の流路延長設計図（左）と流路延長工事 1999 年（右）
かつての蛇行河道が一部池として残っていたが、単に一次改修以前に戻したのでは、河積が不足する。通常は蛇行河道のみを、洪水時には直線河道をも合わせて水が流れる。

●写真 2 - 19　　　　　　　　　　　　　●写真 2 - 20
■イサール川堰の排砂 1996 年（左）とその 2 カ月後（右）
発電用の堰から下流側を見たところ。堰の上流側に溜まった土砂を浚渫し、下流側に土手状に並べ、川が自分で流下させるのを待った。その 2 カ月後には、右の写真のように土砂の土手は完全に消滅した。

I｜河川改修プロジェクト

7.4.5. 地下水位のコントロール

　堆積傾向の場所で単に河床掘削だけを施しても、遠からずして元へ戻るので意味がない。強い浸食傾向の場所に床止め工だけを設置しても、抜本的な解決策とはならない。また、堆積傾向を人工的に浸食傾向へ持っていくと、河床低下から周辺の地下水位も低下し、付近のエコシステムや農業、さらには飲料水への悪影響は避けられない。地下水のコントロールはこれからの河川技術者の使命でもある。

　チューリッヒ州では州内全土の地下水位と地下水流が定期的にモニタリングされ、地図になっている（写真2-21）。河川ばかりではなく、道路、トンネル、建物など各種建設プロジェクトでは、この地下水への配慮が欠かせない。

●写真2-21
■チューリッヒ州地下水地図
地下水位と水流の方向が示されている。

7.5. 建設材料の優先順位
〜現場に相応しいソフトで生きた材料を選択〜

　土木工事は多かれ少なかれエコシステム（生態系）に影響を与えるものだ。その悪影響ができるだけ少ないように、また逆に良い影響を与えるように、土木技術上の必要性との兼ね合いで正しい建設材料を選択する。

建設材料の材質とその利用法からは大きく分けてソフト、コンビ、ハードの3タイプがある。

チューリッヒ州では1983年に、その選択優先順位が規定された。いずれにしても、砂利・石材や樹木などはその土地にある種類、または類似の材料を使用すべきだ。

建設材料の優先順位

優先順位	タイプ	材料
1	ソフト材	ヤナギ・芝など生物材*
2	コンビ材	石+ヤナギ、など
3	ハード材	石、コンクリート、ブロック、など

・大きな浸食力と対峙しなければならない

・土地の余裕がない

・時間の余裕がない

ほど、ハードな材料の必要性が増すことになる。逆に、

・大きな浸食力と対峙しない

・十分な土地を確保できる

・十分な時間を確保できる

ほど、ソフトな材料を使えることになる。

建設材料の選択基準

建設材料	浸食力	土地の余裕	時間の余裕
ソフト材	小	大	大
コンビ材	中／大	中／小	中
ハード材	大	小	小

7.5.1. ソフト材

・成長力を持つ生きた生物材料／エンジニアバイオロジー（土木生物学）：ヤナギ*（埋枝工・柳枝工）・粗朶*・芝・草・アシなど植生の持つ生命力を利用する（写真2-22～23）

> 表土の露出した状態は浸食に弱い。しかし一旦、芝や草が表面を覆うと、意外に浸食に強いことが実証されている。さらに、洪水時に草が流れの方向に寝るので、粗度*も上がらない。この技術はマルチング*の応用である。

生物材
草・芝・樹木・粗朶など生きた植物材や、丸太・粗朶・麻ネット・木材チップなど枯れた植物材。

ヤナギ
ヤナギは湿った土地を好み、地表に挿し木をしておくと根を張り枝を伸ばす強い成長力を持つ。故に、護岸に利用し易い。
日本だけで約70種存在するが、その中で護岸に利用できるのは、低木で幹や枝がしなやかなタイプの在来種（その土地固有の種）。

粗朶（そだ）
切り取った枝や細い幹を束ねたもので、護岸や地滑り止めなどに利用する。成長力が強いため、ヤナギの枝を使うことが多い。

粗度（そど）
表面の凹凸の度合い。粗度が大きいほど凹凸が激しく、小さいほど滑らか。堤防や高水敷などの粗度が大きいと、洪水時に流速が落ち、水位が上がる。従来の水力学では草木の粗度は大きく危険とされる。しかし草木など柔らかいものは、水流に曲がったり寝たりして動くので、粗度を決めることは事実上不可能。実際、水位の上昇はほとんどないか、極わずかだ。

マルチング（mulching）
元々は根を保護する根覆いのことだが、ここでは裸地の被覆（ひふく）を意味し、浸食と表土の流失を防ぐ。砕石・木片・麻ネットなどを使用。

- 枯れた植物材料：粗染・麻ネットなどで数年で腐敗消滅する（写真2-24）
- 倒木をロープで固定したもの（簡易的な水制として作用）（写真2-25）
- 植物は必ず現場に相応しい在来種を使う
- ヤナギやハンノキなど護岸用樹木には低木でしなやかな種を選択する
- 河川内の樹木の植栽は、河川断面の余裕度を見ながら、ヤナギなど柔軟な低木を中心に利用
- 特に低水路岸の植栽は積極的に利用

深い低水路（ていすいろ）と浅い高水敷（こうすいじき）
複断面の川で、普段水の流れる低い位置の河道が低水路で、洪水時のみに水の流れる高い位置にあるのが高水敷。

最新の研究において、植栽の方法によっては、川の流下能力を逆に高める（従って洪水安全性も高まる）ことが、シュミレーション計算やモデル実験でも確認されている。すなわち、複断面を持つ川では、洪水時に水深の深い低水路と浅い高水敷*とでは流下速度の差異を生ずるが、この異なる速度の接点（線）で渦が発生し、水の持つエネルギー・ベクトルがネジ曲げられるため流速が低下し、川の流下能力を阻害する結果となる。低水路岸にヤナギなどの樹木が一列に並んでいると、この渦流の発生を抑え、従って、流下能力は上がる（少なくとも、下がりはしない）。表土の露出した状態は浸食に弱い。しかし一旦、芝や草が表面を覆うと、意外に浸食に強いことが実証されている。さらに、洪水時に草が流れの方向に寝るので、粗度も上がらない。この技術はマルチングの応用である。

●写真2-22
■柳枝工／レピッシュ川
ヤナギは成長力が強く、剪定した生きた枝を挿し木しておくと、根を張り枝を伸ばし、岸を守る。

●写真2-23
■粗染／トゥール川
枝を束ねて水際に設置すると、浸食を防ぐことができる。ヤナギの枝であれば、そこから根付く。

●写真2-24
■麻ネット／チューリッヒ州
麻・シュロなど自然材のネットで一時的に土砂流出を抑えることが可能。草木が生え揃う数年後には腐敗消滅する。

●写真2-25
■倒木水制／トゥール川
倒木の根方をワイヤーで結び付けたもの。先端が下流方向へ流され、岸へ向かう水エネルギーを消費させ、河岸を守る。玉石による水制は100年前のもの。

7.5.2. コンビ材（ソフト＋ハード）

- ヤナギやハンノキと空石積みとのコンビネーションによる護岸
- 空石積みだけでは流速の速い水衝部において、石積みの背後の土が吸い出されてしまうが、ヤナギの根が石積み背後の土を固定する（写真2-26）
- ヤナギやハンノキなどの植栽により見た目もやわらぎ、ランドシャフト上有利
- 石材が入手し難いか、長距離の輸送が避けられないような場合、ブロック材＋植生材も可能
- その際、ブロックが流されないよう、十分な重量か特別な工夫が必要

7.5.3. ハード材

- 木材：くい、木枠、板など
- 砕石：捨て石、空石積み護岸、練石積み*護岸、水制、床止め*、カスケード・ランプ*（石積み緩傾斜）、分割ランプ*（分割緩傾斜）

  > 石と石との間の隙間がハビタートとなりエコロジー上から重要なので、強度確保などの必要性から練石積みにする場合は、意識的に空隙を造るなどの配慮が必要。

- 蛇篭・布団篭・木工沈床*：小さな玉石を利用できる
- コンクリート・ブロック：枠組み構造にして空洞部と表面に土を詰めるなど
- 現場打ちコンクリート：リブ・中空枠構造など強度と生態両面に配慮
- スチール製矢板：漏水止めに多用
- 空石積みに使用する石材は、流されないよう十分な重量が必要（一般的には、100年確率の高水量*1,000m³/秒、河床勾配1～2‰*程度で、一個当たり2～3トン程の石材が必要）
- 石材は現場調達するか現場の地質に合ったものを選択

●写真2-26
■コンビ材／トゥール川ギューティックハウゼン
空石積みとヤナギとの共同作業。石と石との間に覆土しヤナギ、ハンノキ、トネリコなどを植栽したもの。石積みだけでは洪水時の水の持つ吸引力により裏側の土砂が吸い出され、組石が崩壊する。ヤナギの根は土をしっかりと固定する。

空石積み（からいしづみ）
練石積み（ねりいしづみ）
石と石との間隙を埋めず、ただ積むだけの石組みを空石積み、コンクリートなどで石と石との間隙を埋めて固定する石組みを練石積みという。

床止め（とこどめ）
土砂の流出を防いで河道を安定させるために、丸太、石積み、コンクリートなどで河床を固定する工法

カスケード・ランプ、分割ランプ
河床勾配を調節するために落差工（段差）に代わってに設置する石積みの緩い傾斜がランプで、魚や無脊椎動物の遡上を妨げない。勾配を変化させたものがカスケード、数段に分割したものを分割ランプという。

蛇篭（じゃかご）・布団篭（ふとんかご）・木工沈床（もっこうちんしょう）
竹網・金網・木枠などの中に玉石を詰めた伝統工法

100年確率の高水量（こうすいりょう）
予測計算や歴史的データから100年に一度の確率で起こるとされる洪水量で、実際に発生する洪水と区別する。

河床勾配1〜2‰（パーミル）
1000mの距離で1〜2mの高度差の勾配を川が流れることで 1/1000〜2/1000の勾配とも言う。10‰が1%（パーセント）に相当する。数値が大きいほど急傾斜。

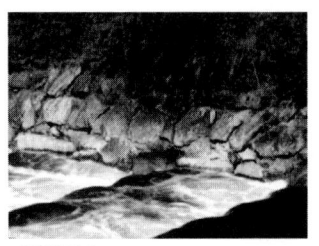

●写真2-27
■ハード材／テス川ロアバス村
場所によってはハードな材料が必要である。その場合でも、エコロジーとランドシャフトへの配慮を忘れてはならない。ここでは、コンクリート擁壁の表面に石積みのお化粧をし見た目を和らげると共に、石の間に間隙を造り動植物にハビタートを提供する。さらに、石積みの上辺部をV字状にカットし覆土と緑化を施した。

自然の力
水の浸食堆積の力や草木の成長力のことで、元は太陽エネルギーから来る。
法線（水筋）は川が決め、瀬や淵、洲や浸食直壁は川が造り、緑化は自然が行う。

現場で調達できればベストだが、不可能であれば、現場の地質に相応しい材料を選ぶ。石灰岩質、花崗岩質、その他…。選択を誤ると、石の表面の凹凸やpH値などが異なることから、エコシステムへ悪影響を与えかねない。

浸食防止などのためにハードな材料を使用しなければならない場合、以下の点に注意すべきであろう。

ハード材の使用法
- 必要最低限の規模と強度を確保（必要以上の規模や強度は無意味）
- 水質、ダイナミクス（浸食・堆積・洪水）、モルフォロジー（河川形態）、エコシステム（河川生態系）、ランドシャフト、親水性などに有利なよう、材料、形状、使用法を考慮
- ハードな部分とソフトな部分との接点が強度上のウィーク・ポイントとなるので、境界に移行帯（次第に材質や強度などが変化する）を設けるなど急激な変化を避けるように配慮
- 全体の構造が柔構造体として機能するように工夫

空石積みやコンビ工法（空石積みとヤナギなどとの）を、護岸や水制、床止め、落差として応用するのはその一例だ。ハードな材料ほど、その使用法に工夫する必要がある（写真2-27）。

7.6. 造形：時が川を創る

自然で安価、しかも環境負荷を軽減するため、人間が最終目標の形に仕上げるのではなく、川や自然が自から造形できるよう、その可能性を提供するに止めるのが基本だ。設計者の造形デザインを、自然は往々にして好まない。

造形原則
- ●自然の力*を最大限利用する
- ●大きな維持管理を頻繁に必要とする造形は誤りだ
- ●年1回程度の草刈りで造形が維持できるのを理想とする

「自然のサクセッション（遷移）に任せて、維持管理を全くしないのを理想とする」という考え方もあるが、そうすると、わずかな例外を除いてほとんどの場所が森林へ復帰する。

造形に関する設計の手順

手順	内　　容
1	将来実現すべき目標像を描く
2	何年後に実現すべきか？
3	そのためには、いつ、何をすべきか？

　造形目標像が、自然からかけ離れて人工的であればあるほど、実現時期が短期であればあるほど、工事や植栽が大がかりになる。従って多大な石油エネルギーを消費し、地球環境に負荷をかけると同時にコストもかさむ。

　放置するのが一番安上がりなのは自明だろう。

河川タイプによる造形目標と実現時期

河川タイプ	造形目標像	実現時期
市街地	人工的	短期（2～5年）
郊外・田園	近自然	中期（10～20年）
自然	自然	長期（50年以上）

　市街地や集落内などでは、造形目標像がかなり人工的の上、その実現は2～5年先を目処とするため、ある程度の初期植栽が必要だ。

　郊外で土地もある場合には、近自然の造形を10～20年先に実現することを目標にし、ポイント的な護岸または床止めのみを施す。

　人里離れた場所では、不必要な土木工事はしない。どうしても必要な場合（近自然化を含む）、50年以上先の目標像実現で良く、種播きと表土の流出止めのみの措置で済む事例も多い。

　市街地や郊外の小川では周囲の状況により河川タイプを細分化することができる。しかし類型にあまりこだわってはならない。

市街地・郊外における小川のタイプ

小川タイプ	特徴・造形	維持管理
森林 （峡谷を流れる川で、自然重視） （写真2-28）	樹木のために太陽光が川面にささず、下草や水草が成長できない。 急流河川では落差工や遊砂池など土砂流出を抑える措置が必要なこともあるが、基本的に人間による造形が不必要。	維持管理は周辺の安全性管理以外、不要。他のタイプの小川でも維持管理をせずに放置すれば、将来必ず森林タイプとなる。
草原・農地 （開けた緑地を流れる川で、自然と人間の双方に配慮） （写真2-29）	太陽光が川面まで届き、水中や水際に水草が豊かに繁茂。 動植物種は最も多様。 夏場の急激な水温上昇抑制のため木陰が水面へ落ちるよう配慮。 周囲の状況から、どれほど川のダイナミクスを許すかが課題。 保護区周辺の正しい造形に注意。	草原タイプを維持するためには適切な維持管理が不可欠。 エコロジーやランドシャフトへの配慮から、維持管理には専門知識が必要。
住宅地 （人間重視） （写真2-30）	土地が制限されたタイプで、洪水安全性・ランドシャフト・親水性など人間を重視。 限られた条件の中で、いかに生態へも配慮するかが課題。 地下室や下水道への浸水防止のため、粘土層などによる漏水止めが不可欠。	基本的には草原タイプと似ているが、親水性をより考慮。
道路側溝 （交通と住環境に配慮）	土地がさらに制限されたタイプ。 自動車交通の心理的抑制や、ランドシャフト上からの住環境向上が目的。そのための造形であり、エコロジーは河床部に制限されることが多いが、側壁を石積みにするなどの配慮は可能。 地下室や下水道への浸水防止のため漏水止めが必要。	河床の土砂層が薄いので、樹木は繁茂できない。そのため維持管理は年1回の草刈りとゴミ拾い程度しか必要ない。
堀 （機能・ランドシャフト重視）（写真2-31）	堀としての機能とランドシャフトを実現した上で、いかに親水性やエコロジーを考慮できるかが課題。	石垣の安定性や、どこまで植生の繁茂を許すかが維持管理上の課題。
複合型	―	―

●写真2-28
■森林型／チューリッヒ州
資料：チューリッヒ州建設局廃棄物・水・エネルギー・大気部

●写真2-29
■草原・農地型／チューリッヒ州・ネフバッハ川
資料：同上

●写真2-30
■住宅地型／チューリッヒ市アルビスリーダー・ドルフバッハ川

●写真2-31
■堀型の小川／チューリッヒ市シャンツェングラーベン

　エコロジー、ランドシャフト、環境負荷、コストなどから、造形の優先順位が存在する。

造形の優先順位

理　想	できる限り放置する
中　間	近自然造形を10年後に実現し、まれな維持管理を行う
最　悪	人工的なデザインを竣工時に実現し頻繁な維持管理を行う

多くの場合、洪水安全性の確保や土地がないなどの制限が加わり、調和点（妥協点）を見つけ出さねばならない。

河川タイプ、造形目標像、実現時期、コストなどには密接な関係がある。

河川タイプから見た河川改修

河川タイプ	自然	郊外	市街地
造形目標像	自然	近自然	人工的
実現時期	長	中	短
エコロジー	良	中	悪
土地確保	広	中	狭
ダイナミクス	大	中	小
洪水安全性	低	中	高
石油消費	少	中	多
建設コスト	低	中	高

造形デザインは、自然を手本にし、人工的なものをできるだけ避けるべきである。

「何をしたのか分からない！」
「自然のものと見分けが付かない！」
が、景観工学家に対する最高の賛辞だ。

川沿いの遊歩道など、かつては真っ直ぐに造ったが、そこを散策する人間の心地良さを考慮すれば、自ずと違った形になる。すなわち、上下左右にわずかなワインディング（うねり）を実現させるのだ。川沿い遊歩道は普通管理道を兼ねるが、維持管理上も問題ない（写真2-32）。

●写真2-32
■近自然工法による遊歩道・管理道
散策して気持ちの良い道。ただクネクネと曲げれば良いというものでもない。

野原や砂浜を人間や動物が歩くと、真っ直ぐに歩くつもりでも、わずかにワインディングする。人間の心理や生理にとって、その方が自然なのだ。自動車道でさえ、軽いワインディングがある方が運転し易い。

造形は形だけの問題ではなく、自然用材料も重要だ。コンクリートの上を直に歩くより、落ち葉を踏みしめながら歩く方が気持ち良いし健康でもある。人間が目にし、耳にし、手足で触れるモノは自然材を多用すべきだ。

●人間に接する機械や構造物の理想
　ハイテク機能の利便性とローテク・インターフェイスの心地良さの両立を図る

●川の造形の理想
　ハイテクを駆使した安全性管理や設計・施工がなされていたとしても、表面上は自然の川と見分けが付かない

7.7. 設計の練り上げ：意見や利害の対立を克服

　プロジェクト・チームのメンバー、他の行政府、保護団体、そして住民など、それぞれの立場が異なるので、往々にして意見の対立を見る。しかしこのチームによる練り上げによって様々な検討が加えられ、さらに新しいアイデアも出て、設計はその深みを増す。

　また、様々な利害や利権の対立が近自然工法の実施を困難にする場合が起こり得る。水利権とレスト・ウォーターの問題、河川内宅地と洪水安全性の問題などは、そのほんの一例だ。
　プロジェクト・チームのメンバー（特にチーム・リーダーとなる土木技術者や景観工学家）には、これらの利害や利権対立をもうまく調停して行くコーディネート能力を要求される。法的バックアップを得るために、法律家のプロジェクト・チーム参入を必要とする場合もある。

　すべての問題を100％解決できることは、普通あり得ない。

　問題解決の注意点
　●プロジェクトのコンセプトに反しない
　●その範囲でうまい妥協点を見付ける
　●個人の権利を強制的に制限する収用は、存在を臭わせることは

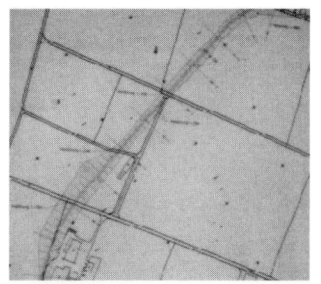

●写真2-33
■平堤設計図（資料：チューリッヒ州建設局廃棄物・水・エネルギー・大気部）
右端を下から上へ川が流れる。

●写真2-34
■工事中1998年（資料：同上）
大規模な工事に見えるのは、貴重な農地の表土を一旦横へ寄せたため。

●写真2-35
■完成後
どこが平堤なのか良く分からないのが成功。納屋、樹木、農家の手前を左右に走る。この場合高さ1mほどで、100年確率の洪水まで十分対応できる。その際農地は冠水するが、流れがほとんどないので、被害は軽微。

あっても、乱用を避ける
●逆に、個人のエゴを安易に認めない毅然とした態度を貫く
●ある程度の経済的な補償で対立が解決する場合が多いものだ

　設計の基本は、エコロジー（生態）上からもエコノミー（経済）上からも、《必要最小限の土木工事に止める》べきであろう。

　そのために、以下の5点の事項が重要である。
●できるだけ広い土地を確保する
●適切な安全性を確保する
●長い時間を見越す
●自然の摂理に逆らわない
●竣工時の形にとらわれない
●自然の力を積極的に利用する

　　広い土地が確保できれば、堤防の規模は小さくて済む（下図参照）。堤外（堤防の川側）は農業や親水利用しても良いが、その場合は利用法を考慮すべきだ。農業利用する場合は、農地の真ん中に平堤（小さく平らな堤防）を築くことになる（写真2-33〜35）。

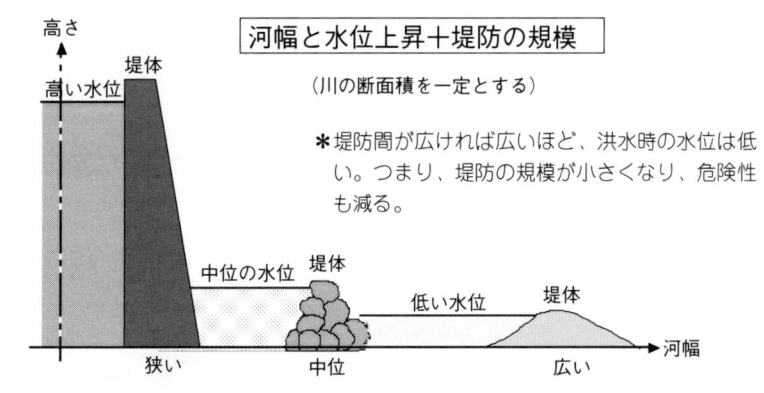

河幅と水位上昇＋堤防の規模
（川の断面積を一定とする）

＊堤防間が広ければ広いほど、洪水時の水位は低い。つまり、堤防の規模が小さくなり、危険性も減る。

　蛇行や瀬・淵の形成はその結果であって、人間が造園感覚で造るべきものではない。

　　ここで重要なのは、川のダイナミクス（浸食・堆積・洪水）だが、これが弱ければ川は自分で造形できない。その場合は、人工的な手助けが必要だ。

　近自然工法における設計図は指針図であり、むしろ目標像のイメージ画に近いものである。一般的にはフリーハンドを多用する（写真2-36〜38）。

　　従来工法では、完成図が工事のための設計図だった。近自然河川工法では、この二つは別物である。ただし、コンクリートの構造物の場合は従来と変わらない。

河川改修プロジェクト

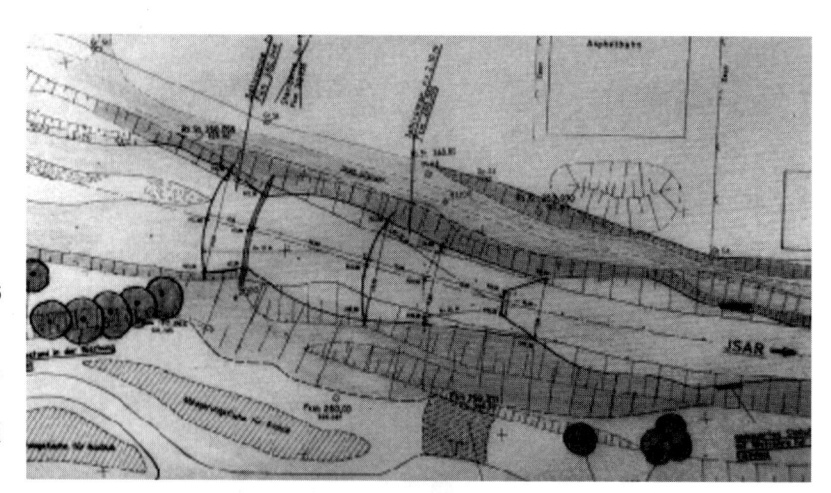

●写真2-36
■近自然河川工法設計図1
　イサール川 1991年施工
どれだけ固い構造物があるかで設計図の様子は変わる。また新しいほど絵に近くなる傾向もある。

●写真2-37
■近自然河川工法設計図2
　クレープスバッハ川 1995年施工

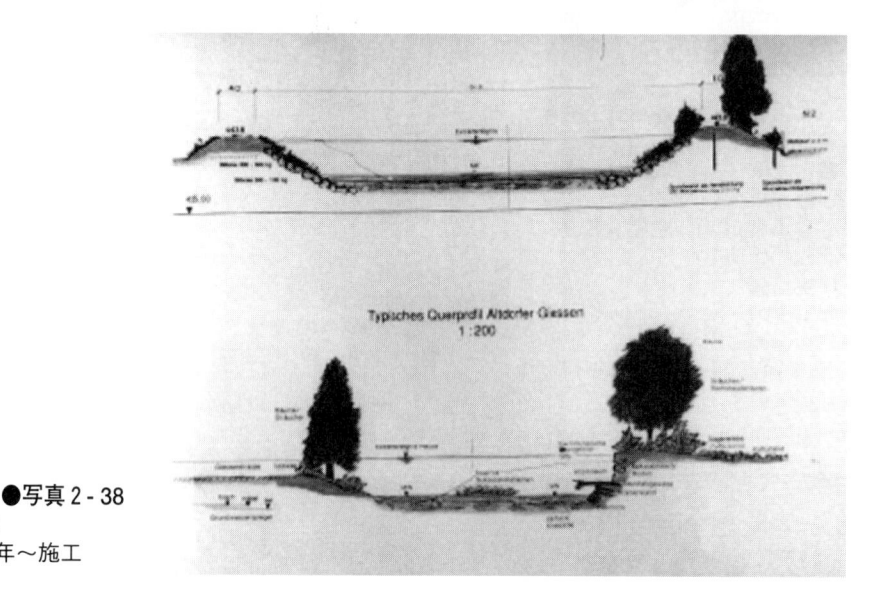

●写真2-38
■近自然河川工法設計図3
　ウーリ州ロイス川 1996年〜施工

8．施工：細部の最終決定は現場で

　設計図がフリーハンドで描かれるように、工事も不自然な直線を避ける。（単にクネクネと曲げれば良いというわけでもない！）設計図が細部をあまり厳密には規定していない理由は、以下の2点である。

- 工事の際に川の細かい状況に即して柔軟に対応可能
- 最終的な造形は自然や川にまかせる

　現場では、毎週担当者間の話し合いが行われ、そこで多くのことが変更され最終決定される。その決定事項は文書化され、参加者がサインを入れて、法的拘束力を持った契約書の追加項目となる。

　かつては、いかに設計図通りに施工するかで、作業の善し悪しが判定されたが、近自然工法では、重要なポイントを押さえた上で、いかに柔軟にしかも創造的・建設的・合理的・効率的に作業ができるかが問われる。故に、作業員一人一人の資質と努力とが工事のでき上がりに直接反映することになる。例えば、水制などの石組みでは、作業をするパワーシャベルのオペレーターの能力や経験が、その仕上がりを左右する。ただし、コンクリート護岸のように、小さなミスが大きな災害につながることは少ないので、小さな失敗を繰り返しながら会得していけば良い。

9．竣工後の調査と評価

　従来工法では竣工が河川改修の終了だったが、近自然工法ではむしろ始まりと言っても良い。草木の成長を待たねばならないからだ。ヤナギなどを用いた植生護岸では、年月を重ねるに従い、その強度がどんどん増して行くことになる。

9.1. 土木工学的・生態学的事後調査

　近自然河川工法では、設計マニュアル（設計の標準化）は意味をなさないことは、先に述べた。それ故に、本当にうまくいったのかどうかの事後評価がとても重要となる。特に、土木工学的・生態学

的調査は、次のプロジェクトにとっての貴重なデータとなるため、欠かすことができない。必ず予算に入れておくべきであろう。

本格的生態調査の実行が理想だが、それなりの時間と経費とが必要となる。工事の成否を迅速に判断しなければならない場合や、予算がすぐに取れない場合には、非常措置としての工夫をしなければならない。

チューリッヒ州でよく利用されるのは、インジケーター（指標動物）を用いる簡易生態系調査だ。すなわち、その場所のエコピラミッド*（生態ピラミッド）の頂点に位置する動物を選択し、その個体数と年齢分布などを調査することにより、エコピラミッド全体の状態を推定するのだ。しかしながら、エコピラミッド（つまり生態系）全体が大きくなればなるほど、この調査は困難でしかも不正確になる。小さな川の場合には、この手法によりある程度の状況を迅速に把握することが可能だ。スイスにおける小川の場合、インジケーターとしてマス（ブラウン・トラウト、学名 Salmo trutta fario）を用いる（写真2-39）。

●写真2-39
■マスの調査／ネフバッハ川
1983年施工
できるだけ魚を傷つけない調査法が良い。チューリッヒ州では電流で一時的に麻痺させ吸い寄せる手法を採る。影響は残らないと言われるが、頻繁にすべきものではない。

エコピラミッド
エコシステム（生態系）内で動植物が作る概念的なピラミッド構造のこと。環状の食物連鎖と並んで、エコシステムを理解するための比喩的表現。地上、川、海などにはそれぞれ独自のエコピラミッドが存在する。
地上のピラミッド底辺は、死んだ動植物を分解する土中のバクテリアやミミズなど（分解者）。その上は、地上の植物（生産者）。次が、昆虫などそれを食べる草食の小動物（低消費者）。その上に、小鳥や大型昆虫など肉食の動物（中消費者）。最高位には、肉食獣や猛禽類など大型動物（高次消費者）が君臨する。

9.2. 工事の成否判定

この土木工学的・生態学的追跡調査の結果、前項6.で優先順位を決めた問題点が確実にリカバリー（解決または解決の方向へ動き出す）されたかどうか、判定できる。

土木工学的な判定は、数回の洪水を実際に経てみなければできないこともある。

ここで要注意は、種数や個体数が多ければ多いほど成功と誤解しがちな点である。

・単に種・個体数が多ければ多いほど良いわけではない
・本来あるべき状態に如何に近いか、近付いたかが注目すべきポイント
・本来あるべき状態がイメージできなければ、調査が実践に生きない（科学的な研究やデータ蓄積としての価値はあるが…）

9.3. 簡便な成否判定法

　エコシステム（生態系）復元など目に見え難い項目は、成否の判定に専門家の追跡調査が不可欠だが、近自然化に関しては以下のような、とりあえずの簡便な判定法も有効だ。これらは設計時の注意点でもある。

簡便なプロジェクトの成否判定法

項　目	成　功
水裏に余計な土木工事をしていないか？	していなければ成功
現場が庭園やデザイン例に見えないか？	見えなければ成功
河川内エコピラミッド頂点の魚や、それを餌とするアオサギなど増えたか？	増えていれば成功
何を工事したのか、竣工2年後に外観からハッキリ分かるか？	分からなかったら成功
10年後に自然の川と見分けがつくか？	見分けがつかなかったら大成功
子供が遊びに来ているか？	来ていたら成功
住民が余暇に遊びに行きたいと思えるか？	思えたら成功

　目に見えない、分からなくなる、安らぐ、美しい…　などが、成功の基準となる。
　故に、専門家の解説なしで現場を訪れ写真などを撮ってくると、不成功事例か妥協策のみを見て、本当の成功事例を見逃してしまう。ましてや、プロジェクトが意識的にやらなかったことは見えるはずもない。

10. 修正：
　　時間をかけて折り合いを付けて行く

　場合によってはこれらの事後評価に基づいて、工事の手直しをしなければならない。自分が信じて実行したことが、思い通りうまく行かなかったことを認める勇気と合理性を、我々個人もまた組織としても持たなければならないだろう。
　我々の先人たちがしてきたように、自然や川を長い年月にわたっ

て観察し、次第にお互いに折り合いを付けて行く姿勢が、これからは再び求められる。

11. 継続的なモニタリング　（土木工学的・生態学的）

　土木工学的モニタリングは安全性に関わることなので比較的予算を取り易い。

　エコシステムに関するモニタリングは、チューリッヒ州やバイエルン州においても、すべてのプロジェクトに予算が十分確保されているわけではないが、将来のために大変重要である。そのモニタリングの手法はこれからさらに研究を要する。現状では非常に経費がかかる面がある。

　しかし、正確なモニタリングの実施により、
- **如何なる場合に、何をすれば、長期的にどういう結果になり得るのか**
- **目的のために何が重要で、何が不要なのか**

ということをを把握することが出来、これはすなわち、将来のプロジェクトにおいて、
- **失敗を未然に防ぐ**
- **時間的・経済的なロスを未然に防ぐ**

という2点の可能性を意味する。

　また一般的には、
> **徹底的なモニタリングをほんのわずかな事例で単発的に実施するより、簡略な調査をあちこちで継続的に行う方が、自然界に何が起こっているのかを把握し易い**

と言える。そして、必要性が生じたなら徹底的な調査を実施すべきであろう。

Ⅱ UVP（環境調和テスト／環境アセスメント）

スイスでは1986年、ドイツでは1990年に連邦UVP（環境調和テスト／環境アセスメント）法が施行された。またチューリッヒ州では、1983年より独自に実施している。

これにより、公私を問わずある一定規模以上の建設プロジェクトの設計案／施工計画案は、州のUVPを必ず受けなければならない。スイスの場合、河川改修プロジェクトでは総工費約9億円以上の場合がこれに相当する。

この考えの基本はミティゲーション（環境破壊緩和）だ。
（「第1編　思想・理念・原則、Ⅴ．河川改修における重視点と目標、4．エコシステム（生態系）、4.6．ミティゲーション（環境破壊緩和）」の項参照）

1．事前調査と設計

施主は以下の項目に関して専門家に調査を依頼し、その結果を設計や施工計画へ反映させなくてはならない。

事前調査項目

調査対項目	具 体 例
自然要素への侵害	森林伐採、湿地の排水など
エコロジーへの侵害	特別な動植物種のハビタート（生息空間）の破壊やエコシステム（生態系）への悪影響など
ランドシャフト	周辺景観に不調和など
エミッション*	騒音・振動・熱・煙・埃・臭気・電磁波など
環境汚染	排ガス、水質・土壌汚染など
水循環への悪影響	地表の遮蔽、地下水位の変動、地下水流の撹乱など
その他	

エミッション
放出、放射の意。
有害物を出す側からがエミッション（放出）で、侵害を受ける側からがイミッション（侵害）だが、一般的には、エミッションで両方を指す。
正確には、排ガスやCO_2もエミッションだが、ここでは、環境汚染（大気汚染）へ分類した。

2. 評価と諮問

　この調査報告とそれに基づいた対策案の内容を、州の自然保護官庁がコーディネーターとなった特別委員会によって検討する。調査や報告書内容が稚拙であれば良い評価は望めず、時間的、経済的損失と企業（または行政）イメージの低下となるため、施主は専門的にも高度な報告書の作成を心がける。

　委員会は建設許認可権を持つ監督官庁に対して許認可成否の諮問や、ミティゲーション（環境破壊緩和）の徹底など設計変更を施主にアドバイスする。

3. 改善と認可

　普通は、委員会と施主との間で問題点や新たなミティゲーション（環境破壊緩和）策に関する何回かのやりとりがある。（施主には住民や保護団体への情報公開が義務付けられており、この過程においてもより良い方策が模索されるが、これはUVPとは無関係だ。）委員会の諮問を受けて、建設許認可権を持つ監督官庁により許認可成否が決定される。監督官庁は委員会の諮問に従う必要はないが、その場合には後述の抗告権*を有する強大な保護団体との法廷闘争を覚悟しなければならない。

> **抗告権（こうこくけん）**
> 行政官庁の命令・決定・処分について、裁判所などへ不服申し立てをする権利のこと。普通は、利害関係の当事者のみにこの権利があるが、スイス・ドイツでは連邦や州が、特定の強大な保護団体にこの権利を予め与えている。

4. 告訴／提訴

　認可が仮決定されても、直接の利害関係者や抗告権を与えられた各市民団体は裁判所に異議申し立てできる。建設工事中に提訴されたため、判決・和解まで工事ストップとなった例もある。そのため、施主は初めから住民や保護団体に情報を公開し協力を求めると共に、より良い解決案を共に探っていくことになる。

　（「歴史と背景、VII. 近自然工法の成功を支える背景、4. 民主国家としての機能、4.4. 行政の監視機能」の項参照）

III 設計事務所・建設業者の選択と契約

　設計基準が従来工法と大きく異なる部分があるので、設計コンサルタント・生態調査事務所・景観プランニング事務所や建設業者の選択も従来と異なる基準がある。

　選択に関して大事な点をいくつか上げる。

- 近自然工法の本質を理解できるか、その努力をする
- 分野の異なる専門家との話し合いができるか、その用意がある
- 現場の状況に応じて柔軟な対応ができるか、その用意がある
- 試行錯誤をいとわない
- 空石積み、植栽など新しい工法（実は古い工法でもあるが…）のノウハウを持つか、経験を積む意欲がある
- その現場に相応しい建設材料を、できるだけ近郊から調達できるか、探す意欲がある
- 柔軟な新しい契約方法を受け入れる用意がある

　さらに、担当者や現場監督が、
- 自然が好き（野鳥、登山・山歩き、写真撮影など）
- 魚釣りや狩猟が好き

であれば、理想的だろう。

　契約は文書で大まかな取り決め（概算数量による発注、または施工条件明示）をし、細部はプロジェクト進行過程に度々行われるミーティングで決定、または変更される。この話し合いの内容は、要点を文書化した上で参加者全員がサインを入れることにより、法的拘束力を持つことは述べた。

　支払いは、二種類ある。
- 工事日数
- 作業員人数

・使用機械
・使用材料
・運搬量
・難易度

などにより、見積により契約を交わすか、事前に概算し後から出来高払い*の形で行われる。近自然河川工法では最近は後者が多いようだ。この点は、日本では日本の実状に合った手法を模索して行くべきだろう。

> **出来高払い（できだかばらい）**
> 実際にかかった費用（実費）を払う支払い方法。予め概算し詳細は実際の工事での必要性に順応させる柔軟な手法。問題は、突発的な事態が生じて、実費が概算を大きく上回ってしまう場合。

[第3編]
維持管理と清掃

【要　約】

近自然工法による川と河畔（河岸帯）との維持管理は、洪水安全性の確保と健全なエコシステム（生態系）の育成を目指す。

生態調査から川と河畔との維持マニュアルを作成するが、これは特定の川の特定の場所にしか通用しない。非常に、合理的・効率的・多面的・経済的な手法である。

Ⅰ 維持管理

近自然思想は、川の改修法ばかりではなく、当然の事ながら維持管理法にも大きな変革をもたらせた。

この新しい河川維持管理法の目的は、次の二面性を持っている。

河川維持管理の目的
●洪水安全性の確保
●健全なエコシステム（河川生態系）の育成

1．洪水安全性の確保

専門知識に則った正しい維持管理を持続的に行うことにより、川の洪水安全性は、ある程度確保できる。

剪定（せんてい）
元々は造園で、枝を切って樹形を整えることだったが、近自然河川工法では、大木にならないよう、枝や幹を定期的に切ること。切った枝は、挿し木や粗朶（そだ）として、護岸に再利用する。

河川内構造物
高水堤、橋脚、護岸、取水設備、堰、など

維持管理による洪水安全性の確保

河積と流下能力の確保	・高水敷や河床への大きく継続的な堆積を察知し、掘削浚渫する ・ヤナギなど河川内の樹木の剪定*
河川内構造物*を脅かす危険を事前に回避	・大きな浸食や損傷を、大事に至る前に発見し修復する

以上の表のような事項をすることにより、川の再改修を避ける（または遅らせる）ことも可能である。その際に、正しい観察眼が必要なことは言うまでもない。

2．健全なエコシステムの育成

健全なエコシステム（河川生態系）育成のための維持管理とは、自然の健全な活力を増進させる健康管理のことであり、二つの側面を持つ。

2.1. 自然からエコシステムを守る

自然ランドシャフトは変転・進化・遷移（サクセッション）を重

ね、河川内や海岸など特別な例外を除き、最終的には森林に帰する。

裸地（浸食、崖崩れ、雪崩、山火事、火山噴火などによる）にまずパイオニア植物*が入植繁茂し、次にそこの立地に適応した他の草本（草花）がやって来て草原となる。そして最後に木本（樹木）が入植し、初めは成長の早い低木が、その中から次第に高木が成長する。高木が大きく育つと、その日陰のため他の低木や草花は繁茂の機会をほとんど失い、わずかな下草を伴ううっそうとした森林へ発展する。

現在我々の周辺に存在する草原などのオープンスペースは、人類が長い年月をかけて森林を切り開いて土地利用をしてきた結果だ。この草原などの出現により、多くの動植物種が新たなハビタート（生息空間）を見出すという恩恵を受けてきた。

種の多様性を維持するためには、無施肥草原や湿原などの形態を保つことが必要であり、そのためには年1～2回程度の草刈りなど、正しい維持管理が重要なのだ。草刈りをすれば樹木の生長する可能性は失われる。そういうわけで、正しい時期に正しい方法で行う年1～2回の草刈りは、大変重要である。

2.2. 人間からエコシステムを守る

現在の自然エコシステム（生態系）はそのハビタート（生息空間）と立地（生息条件）とを至る所で圧迫されているが、その主要因は人類の活動だ。破壊されたエコシステムを完全に修復・復元することは不可能だ。

最も効果的と思われるのは、以下のような修復・復元・保全・育成である。

元々種の多様な場所	川、湖、河畔、湖畔、貧栄養性草原など
近年ほとんど消滅してしまった要素	湿原、林縁など過渡領域*

パイオニア植物
崖崩れや山火事の直後など過酷な条件にいち早く入植できるよう適応した植物。時間が経ち、他の植物が入植を始めると次第に圧迫され生息できなくなる。

林縁（りんえん）など過渡領域
森林とそれに隣接する草原などとの間、水陸の中間などの移行帯/エコトーンで、種が多様でエコロジー上大変重要。土地利用や土木技術からは無意味なため、近年、急速に消滅している。

2.3. エコシステムの保護・育成としての河川維持管理

　エコシステムを考慮して川を見た場合、言い換えると、川を動植物のためのかけがえのないハビタート（生息空間）として見た場合、その維持管理法は自ずから大きく変わらざるを得ない。そしてそれは、その場に相応しい多様な動植物相と健全な生態バランス/エコピラミッドとを保護育成することを目的としている。

　エコロジーとランドシャフトの専門家が調査を行い、ヴィジョン（目標像）を設定した上で「河川維持マニュアル」を作成する。それに従って州または市町村の管理担当者が実際の維持作業を行う。このマニュアルでは、個々の河川区間において個別に、また季節によって異なる作業内容が規定され、さらには、してはいけない禁止事項を多く含む。

　各維持マニュアルはそれぞれ独立したものだが、その中には共通項目も多くある。

　各河川維持マニュアルの中の共通項目
- 河川内はもちろん、河畔（河岸帯）や近辺も無施肥・無農薬
- 草刈りはタネの飛散後に実施：その時期・回数は植相・生育に依存する
- 水際1m程は草刈りをしない
- 一時に広く短く刈らず、小動物が避難できる場所を常に確保する：具体的には毎回 1/3 の面積を残す
- 季節によっては、チョウがサナギから羽化できるよう、最低1週間、できれば２週間、刈り取った草をその場に放置する
- 刈った草は富栄養化を抑えるために現場から必ず搬出する
- この草はコンポスト（堆肥）にするか、別の現場の裸地にまき植栽・緑化に利用する
- 晩秋の最後の草刈りでは、冬場の越冬昆虫のために、草原（枯れ草）の 1/3 の面積を刈らずに放置する
- 草原を焼くことはエコシステムにとって壊滅的なダメージとなるので厳禁

また、植生（特にヤナギ）を護岸に意識的に利用している場所では、大木にならないよう定期的に根本から幹を切らなくてはならない*。これは安全性に関わることなので、現場作業員の専門知識が不可欠だ。

3.「河川維持マニュアル」の一例

次に、チューリッヒ市の景観プランニング会社 シュテルン & パートナー が綿密な生態調査結果に基づいて作成した、トゥール川（100年確率の高水が約 1,500 m³/秒 でチューリッヒ州内最大河川）のある地区における、「河川維持マニュアル」の一例を示す。繰り返すが、この河川維持マニュアルはこの川のこの場所でしか通用しないものだ。

<u>定期的伐採</u>
護岸用の樹木が大木になると河積を減少させ、川が溢れる確率が上がる。また、大木は洪水のエネルギーにもろにさらされるため、倒れる危険性が高い。
ただし、現場の状況と護岸のコンセプトによっては、倒木を逆に利用する新たな工法（倒木水制）も存在する。

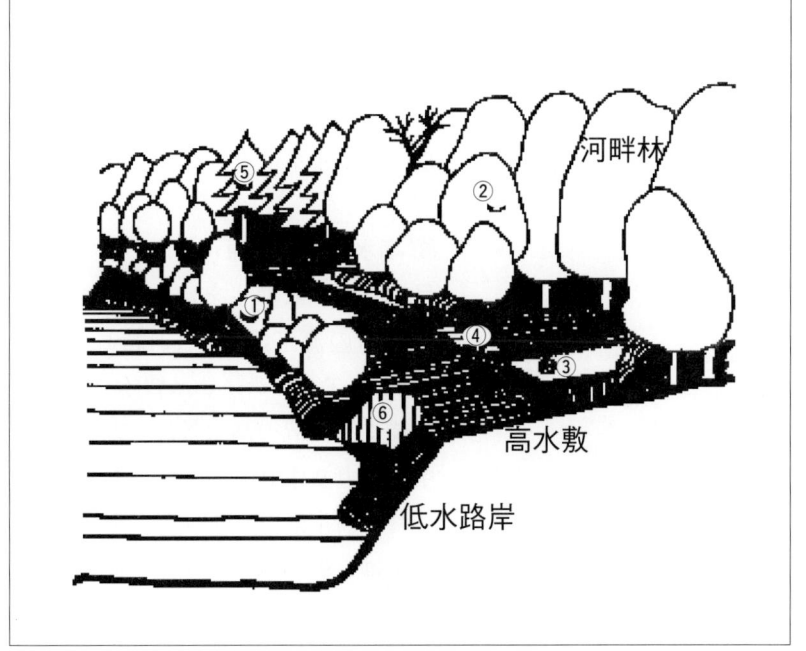

◆近自然の維持管理マニュアル
資料：シュテルン & パートナー 景観プランニング／チューリッヒ
この場所の性格、ここに何が生息しているのかで、このマニュアルは大きく変わる可能性がある。

《河川維持マニュアル例》
[チューリッヒ州内トゥール川：低水路岸低木、高水敷草原、河畔林縁、など]

維持管理

目的と作業

① 低水路岸低木（河岸植生）

目的：豊富な種類の樹齢と高さの異なった河岸低木を保護育成する。これは、低水路岸を大きな浸食から守ってくれる。

作業：様々な種類のヤナギを初期植栽。付近で剪定した枝を挿しておく。2～3年後に、さらに他の低木類で補う。5～10年おきに、最大長50mにわたって、幹を残して伐採する。

使用可能な低木種：各種低木ヤナギ、クロウメモドキ、ハンノキ、マユミ、ニワトコ、ハシバミ、など

② 林縁

目的：前後上下に凹凸のある林縁を育成する。

作業：5～10年おきに、長さ15～20mにわたって、幅5～10mあまり林縁を伐採。かん木は幹を残して伐採する。多年草は刈る。高木は、光を入れるために抜く。古木（場合によっては枯れ木）は小動物のために残す。これらの処置により、森が再び本来の林縁機能を獲得できる。

注意：コリドール（エコロジー的通路）は、これに値しない。その場合、木々の列に欠落が生じないなら、間引きして光を入れる。

一般：ヤブは放置するか、部分的にのみ除く。河岸低木から2m以内の多年草は放置する。

③ 高水敷上の草原

目的：豊かな植生を持った草原を育成し、多様な立地を実現する。川の流下能力*（河積）を確保する。レクリエーション（保養／アメニティー／冒険）への利用を制限する。

作業：高位置の高水敷は、7月または成長の程度によっては8月中旬より9月中旬までに草刈りをする。新たに掘削されて低められた高水敷、または湿気を好む植生は、9月以後1回だけ刈る。その際、いつも1／3の面積は刈らずに放置する。また、草刈り機を調節して、短く刈りすぎ

流下能力
川が単位時間に流すことのできる水量で、河積（川の横断面積）、河床勾配、粗度などに依存する。河積と勾配が大きく、河道が真っ直ぐで滑らかなほど多量の水を流すことができる。

橋のそばに限定
人間が利用する場所と自然のための場所とを分離するため。橋は元々車や人間が利用するので、遊泳場所をこのそばに指定すると、自然への侵害が少ない。

ないよう注意する。

その他、例えば多年草とヤブは、別記。

遊泳・日光浴場所（橋のそばに限定*）では、年4〜5回刈り込む。ただし、その面積は広げない。時々、約100mにわたって、高水敷の堆積土砂を掘削し十分な流下能力（河積）を確保する。

④ 高水敷上の裸地
目的：高水敷上にあるヒキガエル、ジュウジガエルの産卵池を保存する。

作業：定期的に冠水し水の溜まる車の轍（わだち）は埋めない。春の雪解け増水による、高水敷上の小さな穴は埋めないか、どうしても修復が必要であれば、7月上旬以後にする。

⑤ 河畔林/水辺林
目的：その場に相応しい森林の樹木構成を育成する。

ドイツトウヒ、カナダポプラ、ニセアカシア
湿気を好まない、川に相応しくない種。川の一次改修後に植林されたか、護岸建設のために冠水しなくなり自然に生えてきたかのどちらか。

作業：河畔林/水辺林に相応しくないドイツトウヒ、カナダポプラ、ニセアカシア*を選択的に森林から取り除く。伐採した跡地は放置し、自らの若返りと成長に任せる。ただし、ポプラの種子やニセアカシア、ポプラの発芽は取り除く。または、湿った場所であれば、ギンヤナギなど高木のヤナギを植栽する。

⑥ 河岸（低水路岸）の水際
目的：オープンな、日当たりの良い水際と、カワトンボや他の昆虫のための割れ目とを保全する。

シルト
掃流物質の一種で、粒子が砂より細かく、粘土より粗い。微粒の砂、微砂も同義。

作業：周囲の状況から危険の大きな浸食は修復するが、そうでないものは放置する。特に、カワセミのために砂やシルト*の浸食直壁は重要である。

（資料：シュテルン & パートナー 景観プランニング、チューリッヒ）

Ⅱ 清　掃

　　近自然の川は、変化のある水際線を持つため、ビニールやカンなど、心ない人が捨てたり農地から流れ出たゴミが引っかかりやすい。そして、美しく蘇ったせせらぎのため、そのゴミがよく目立ち大変目障りだ。そのため、このゴミの定期的な清掃は欠かすことができない。

　　ただし、人間との接触が少ない場所（従って周辺に人家もない）では、維持管理の手間は全く不必要といっても良い。ドイツ/バイエルン州では、近自然工法による川は、建設費も維持管理費も従来工法による川に比較して、ずっと少なくて済むとされている。

　　スイス、ドイツではボランティアによる一般市民の河川清掃・維持管理は基本的に存在しない。しかし日本のように、清掃や維持管理の一部をボランティアに依存している場合には、専門家によるしっかりした教育などの手段を講じることがが不可欠だろう。

[第4編] 広報・教育

【要　約】
近自然河川工法は歴史が浅いため、住民やマスコミへの啓発や広報活動が欠かせない。また、いまだに進歩を続けているため、関係者の教育・再教育が大変重要である。
特に、ジェネラリストの養成が急務といえよう。

I 広報・教育

　1970年代末に本格的に始まった近自然工法はまだ歴史が浅いため、スイスやドイツにおいてもいまだ広く一般に認知されているとは言えない。それ故、住民や市民団体、さらには政治家や議会の合意を得るために、地道で分かり易い広報活動が不可欠だ。特に、都市部や都市近郊での川の近自然化（近自然工法による再活性化や再自然化）や土地の買収が必要なプロジェクトでは、住民の理解と支持とが大変重要である。

> **住民投票による予算の承認**
> 例えば、チューリッヒ州では約18億円以上、チューリッヒ市では約9億円以上のプロジェクトがこれに相当する。

　特にスイスは半直接民主制を取っており、大きな建設プロジェクトでは住民投票による予算の承認*が必要となる。

広報・啓発手段
- ●説明集会
- ●ダイレクトメール
- ●新聞や専門誌への投稿
- ●記者会見
- ●啓発用パンフレットの作成
- ●現場視察（政治家やNGO*／NPO*関係者など少人数の場合）
- ●工事現場における主旨説明の立看板設置
- ●インターネット
- ●情報展覧会

また、

> **NGO（エヌ・ジー・オー）**
> Non Gavermental Organisationの略で、非政府（市民）団体という意味。近自然工法の世界では、自然、生態系、環境、ランドシャフト、野鳥、故郷、等の各種保護団体のことを指す。

> **NPO（エヌ・ピー・オー）**
> Non Profit Organisationの略で、非営利活動の市民団体のこと。日本では特定非営利活動促進法として、1998年12月に施行された。活動内容はNGOと共通している。

- ●造形アイデアの一般募集や公開コンペ
- ●鍬入れ式や植樹式への学童や一般の参加
- ●竣工時のイベント

なども、啓発・広報活動として利用できる。

　いずれにしても、子供から専門家まで、その対象に相応しい情報内容を用意する必要がある。また、迅速性が求められる場合と、時間をかけた地道な活動が重要な場合とがある。

水質汚染事故などの際は情報伝達の迅速性が最優先であり、子供達の環境意識の啓発などでは、何年も継続する計画的で地道な活動が有効だ。

様々なNGO*が独自に行っている、エコシステム（生態系）やランドシャフト（景域/景観/風景/風土）保護に関するキャンペーンや広報活動は、近自然工法とその基本理念を共有するものである。

強大なNGO（例えば、スイス・ランドシャフト基金など）の経済的、技術的協力により実際に実現された川の近自然化プロジェクトも存在する。近自然工法では、建設側と自然保護側（役所、NGOなど）とは、敵対関係ではなく、協力関係（切磋琢磨も含むが…）にある。

チューリッヒ州やバイエルン州が作成した、本格的な啓発用パンフレットは、ヨーロッパにおいても近自然工法のテキストとして広く利用されている。また、そのいくつかは日本語で翻訳出版され、日本における貴重な近自然バイブルとして増版を重ねている（**写真4-01**）。

●写真4-01

■啓発用パンフレット
近自然河川工法の理念と事例を解説したもの。日本語訳もいくつかある。読者の興味が事例に片寄る傾向は要注意。「理念」と「実践」は車の両輪である。

Ⅰ 広報・教育

II 教育・再教育

1. ジェネラリスト養成

　近自然河川工法のプロジェクトでは、多くの異なる分野の専門家間の調整と共同作業とが成功のために不可欠だ。そのため、プロジェクト・リーダーのコーディネート能力とチーム構成員の広い視野と柔軟な姿勢がプロジェクトの成否を決定することになる。

　プロジェクト・リーダーには、現状では、土木技術者か景観工学家がなることが多い。いずれにしても、このプロジェクト・リーダーには、スペシャリスト（専門家）として自らの分野の専門知識を持つばかりではなく、地球環境を初めとした様々な分野を広く理解し、自然界の深い連関を見通せるジェネラリストとしての資質が要求される。
　このジェネラリストは、個人の資質と意欲とが不可欠だが、組織や社会がこれをバックアップする体制こそが必要である。

専門以外の事物を見聞きし学ぶのをムダな事と考えずに有意義と認めること

2. 技術者や現場作業員の再教育

　近自然工法の基本理念が、従来の技術偏重の考え方と異なるため、特に初めのうちは、技術者や現場作業員（日本でのボランティアの協力者も含めて）の間で誤解や混乱が生ずる可能性がある。また、近自然工法はすでに完成したシステムではなく、現在もなお進歩し深まっている。故に、彼ら専門家を対象とした定期的な再教育は不可欠だ。

教育・再教育における重要点

分　野	重　点
土木技術者	技術偏重から脱し、エコシステム（生態系）を含めた広い視野を得ること（特にプロジェクト・リーダーとしてこの広い視野は不可欠）
景観工学家	ランドシャフトと時間経過の連関を見抜く鋭い洞察力をやしなうと共に、技術者と生態学家の仲介役を受け持つ
生物学家	自分の専門分野での知識を深めるのはもちろんのこと、エコシステムとしての大きな連関を認識できる広い視野や、技術者と対話するために技術への理解を養うこと
現場作業員（ボランティアの協力者も）	従来と異なる新しい手法が、なぜ必要なのかを理解しなければ、柔軟で正しい対応は望めない

教育・再教育の具体策
- 近自然工法エキスパート（技術者・景観工学家・生態学家）による技術セミナーやワークショップ
- 学会や国際会議への参加
- エキスパートのエスコートによる現場視察
- 専門家用の説明パンフレット作成

　チューリッヒ州やバイエルン州が実行しているのは、クリスティアン・ゲルディー氏（チューリッヒ州建設局　河川建設課課長）やヴァルター・ビンダー氏（バイエルン州環境省水利局で近自然河川工法の研究と州内アドバイスを日常業務としている）など先進的で経験豊かな近自然工法エキスパートをアドバイザーとして、あちこちの重要なプロジェクトに参加させる手法だ。それによりプロジェクトを成功へ導くと共に、プロジェクト参加の技術者、景観工学家、生物学家などのために、またとない勉強の機会を提供することになる。

　このアドバイザーは、ある特定の分野のみのスペシャリストではダメで、広い視野と深い洞察力を持つことが不可欠である。

　さらに、スイスやドイツでは実際の川をテーマに近自然工法ワークショップを定期的に催し、エキスパート間の情報交換や親睦、さらに新世代の育成に努めており、これらは日本へも門戸が開かれている（写真4-02）。

●写真4-02
■近自然河川工法ワークショップ
近自然河川工法研究会は定期的にワークショップやシンポジウムを開く。これはチューリッヒ州内のものだが、スイス各地やバイエルン州からも参加している。

3．若い技術者の養成

　将来を担う若い技術学生や子供達の教育は、直接的・間接的（その親や家族にも影響を与える…）意味からも大変重要だ。

　学童の場合は、現時点では完全に教員の自由意志に任されており、近自然河川の鍬入れ式や植樹に、児童生徒が担任教師に引率されて参加するという例なども報告されている。

　しかしながら、環境や自然に関する教育は、これも教員の自由意志ながら、遊びながら学べるよう、幼稚園からかなり積極的に取り入れられている。チューリッヒ州の場合、正式のカリキュラムとしては、小学校4年生から「環境」教育がある。

> 水質汚染事故などの際は情報伝達の迅速性が最優先であり、子供達の環境意識の啓発などでは、何年も継続する計画的で地道な活動が有効だ。

スイス連邦立チューリッヒ工科大学
スイスにある2校の工科大学の一つ。アインシュタインが助手時代までを過ごした。スイス、ドイツでは大学は修士大学に相当し、卒業者は将来の国を背負うことを義務付けられた超エリート。

　スイス連邦立チューリッヒ工科大学[*]の土木工学/文化工学科では、不定期の選択科目ながら「近自然河川工法」がカリキュラムに取り入れられ、この分野の第一人者であるチューリッヒ州建設局のクリスティアン・ゲルディー氏が、講師として講義と実習とを担当している。また、ドイツ連邦バイエルン州では、ヴァルター・ビンダー、ペーター・ユルギング両氏を初め経験を積んだ現場の技術担当官が専門大学で教鞭を取り、後進の指導に当たっている。さらに職場においても学生の実習の場を提供し、教育のバックアップを惜しまない。

> スイス、ドイツの工科系大学では8学期（4年）の他に、最低9～12カ月の現場実習が義務付けられる。日本の2年間の教養課程はギムナジウム（日本の旧制高校に相当）に属し大学にはない。従って、大学・工科大学卒業は日本の修士に相当する。人口650万人のスイス全体で大学が6校、工科大学はわずか2校しかない。

4．日本における課題

　日本における教育は難題を抱えている。近自然に関する土木工学、生物学からのアプローチは、大学ではわずかの例外を除いていまだ見られない。また、景観工学も、ほとんどが造園としての域を出ていないように思われる。これらは今後の重要な課題だ。しかし、中にはこの問題を真摯にとらえ、パイオニア的試みをしている大学関

係者も存在するので、将来、少しずつではあっても状況が変わって行くだろう。

　日本において子供達が、事故を未然に防ぐという理由で、自然から隔離されてしまっているのは、教育という見地から大変憂うべき状況だ。
　子供達への自然や環境教育では、行政、保護団体、プライベート・オフィスなどがそれぞれの得意な分野でコミックを利用したりした新たな試みをしている。

　最大の問題は国民の中に危機感が欠落している点だろう。今の世界が平和で安全で安定しているという誤解がまん延している。この責任は国民一人一人にあるが、その一端はマスメディアの報道姿勢にもある。事実の報道がセンセーショナルでスキャンダラスな話題に片寄りすぎているように思われてならない。

日本における課題とその解決策

課　題	解決策の提案
ジェネラリスト	土木・景観工学の学生に生態学の、生物学の学生には土木・景観工学の講義を受けさせる
景観工学家	造園学の学生をドイツやスイスの専門学校へ留学させるか、専門家を役所やプライベート・オフィスで研修させる
子供	自然と親しみ、その素晴らしさや恐さを体験させる
マスメディア	センセーションやスキャンダルを扱うばかりでなく、目標を定めた地道な事実報道や啓発を続ける

[第5編] 歴史と背景

【要　約】

近代工業化は我々の生活を豊かにしたと同時に、様々な問題をももたらせた。最大のものが環境問題であり、河川問題もそのひとつである。その反省より近自然河川工法が生まれた。

近自然工法はさらに、道路工法・交通計画・都市計画、そして「衣・食・住・エネルギー」へと広がっている。

近自然工法成功の背景は、環境への意識、技術力、経済力、民主主義機能、などである。

Ⅰ 近代の人口増加と河川改修

産業革命に相前後して、ヨーロッパでは進んだ食料生産手段や医療技術を獲得した。そのため、特に19世紀以降その人口が爆発的に増加した。それまで比較的安全な土地でのみ生活を営んでいた人々は、次第に雪崩や崖崩れ、さらには川の氾濫の危険が大きな山間や谷間へその活動領域を拡大させていった。その結果、森林（河畔林/水辺林や山間の森林）が大規模に伐採されることにもなった。

そうして19～20世紀にかけて、中央ヨーロッパのほとんどの大河川は、洪水安全性や土地確保、さらには舟運やいかだ利用のため大規模に改修され、さらには暗渠化され、その本来の浸食堆積洪水のダイナミクスを極端に抑え込まれてしまった。さらにこの時期、人口密集地帯の河川湖沼では、例外なく水質の汚濁に悩まされることとなった（写真5-01）。

人々は一応安心して生活できるようになったが、その反面、他の様々な問題が生じたのも事実だ。

●写真5-01
■固い改修を受けた川／日本
資料：「近自然河川工法」
クリスティアン・ゲルディー、
福留脩文共著1990年、
西日本科学技術研究所
絶句！　階段は落ちた人がよじ登るためか？　魚道も見える。

河川改修のもたらせた諸問題

問　題	原　因
水質汚濁	・自己浄化力の低下・欠如 　（下水処理場の不備がより大きな原因）
モルフォロジー （河川形態）の画一化	・ダイナミクス（浸食・堆積・洪水） 　の抑圧
エコシステム （河川生態系）	・固く画一的な護岸による、多様な立地の 　消滅
ランドシャフト の貧困化/画一化	・河道の直線化と河川面積 　（周辺をも含めて）の減少
親水性の悪化	・固い護岸や急勾配法面により住民が川へ 　近寄れなくなった ・川の狭幅化による洲の消滅
水力学的問題	・ピーク水位の上昇 ・渇水時の水位低下 ・ダム建設などによる中小洪水の消滅 ・浸食力増大と河床沈下 ・地下水位低下と土壌乾燥化 ・下流での危険性増大

Ⅱ 改修のもたらせた水力学問題

狭い河道に押し込められた川は、エコシステム（生態系）、ランドシャフト、親水性問題ばかりではなく、水力学的諸問題をも同時にもたらせた（写真5-02）。

●写真5-02
■欧州における河川改修／テス川周辺の土地利用を目的として、蛇行河道をショートカットした。その後、河床沈下を防ぐため、床止めを定期的に入れた、ヨーロッパにおける典型的な改修例。

1. ピーク水位の上昇

水量の変化は、狭い河道において大きな水位の変動をもたらす。それに対して、河幅の十分にある川では、洪水時のピーク水位の上昇は狭河道のそれに比較して、それほど大きくない。(Fig. 60) 特に洪水時のピーク水位の上昇は安全性に直接関わる大きな問題だ。そのため、高水堤（堤防）が必然的に高められた。

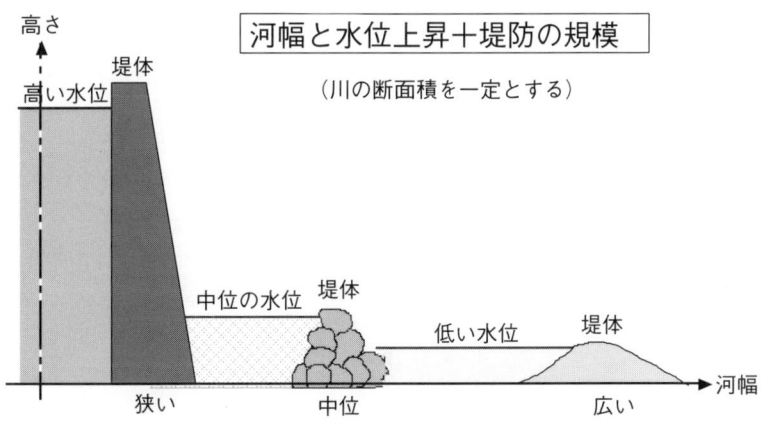

2．掃流力・浸食力増大と河床沈下：
　　掃流土砂の流下バランスを崩す

　河道を狭められた川では、水深が増し流速が上がる。コンクリート護岸であれば、表面が滑らかなので接触抵抗が減り、さらに流速が増す。従って流速の2乗である掃流力（川が土砂を流す能力）も増し、河岸や河床に対する浸食力も増大する。元々浸食と堆積とがバランスしていた川が、浸食過多傾向となる。さらに上流のダムや堰のため土砂の供給量が減少し、浸食傾向に輪をかける。

　三面張り*以外の川では、特に河床が浸食を受け河床沈下を招く。

　河床が沈下すると、河積（川の横断面積）が増えより多くの水を流せるので、洪水安全性の面からは好ましい傾向ではあるが、橋脚・護岸・水門・堰・取水口など河川内の構造物への危険性が増し、放置できない状態となる。

　一次改修で固い護岸改修を受けた中央ヨーロッパにおける多くの川が、いわゆる掘り込み河川*なのは、そのためであり、その後、至る所で床止め・落差工を施され河床沈下を防いでいるのも、以上のような理由からだ。ただし、この床止め処置も本質的な問題解決とはなっていない。

（「河川改修、Ⅰ．河川改修プロジェクト、7．設計、7.4．掃流土砂の流下バランスと地下水位」の項参照）

三面張り
河川改修において、両河岸と河床とをコンクリートや石で固める護岸法

掘り込み河川
河道が掘り込まれて、水の流れる低水路が周辺の農地や家々より低い川のこと。洪水安全性が比較的高い。
洪水位が周囲より高く危険な天井川に対する表現。

3．地下水位の低下と土壌の乾燥化

　河床が沈下すると平水時の水位が低下し、その結果、付近の地下水位も低下する。地下水位の低下は同時に、付近の土壌の乾燥化をも招く。これは、エコシステム（生態系）にとっては大問題であり、特に根の浅い植物は壊滅的な打撃を受ける。

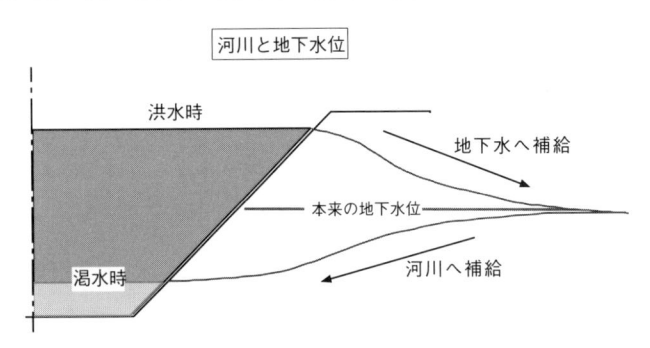

河川と地下水位

洪水時
渇水時
地下水へ補給
本来の地下水位
河川へ補給

河道の狭幅化とエコシステムへの影響

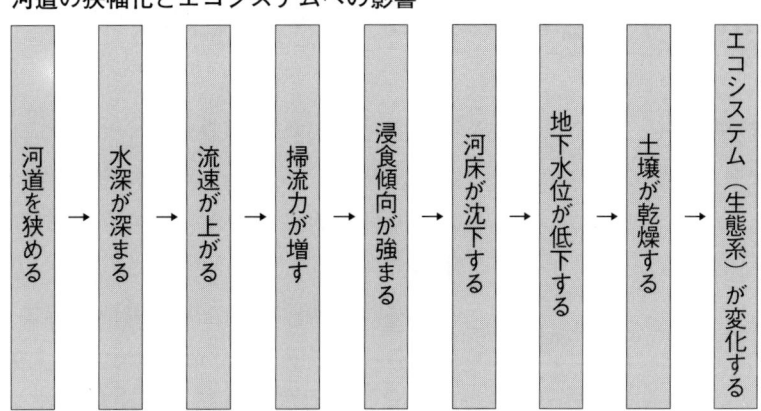

河道を狭める → 水深が深まる → 流速が上がる → 掃流力が増す → 浸食傾向が強まる → 河床が沈下する → 地下水位が低下する → 土壌が乾燥する → エコシステム（生態系）が変化する

4．下流での危険が増大

　河道を狭め流速の増した川では、同じ河積（川の横断面積）でも流下能力がより高い。

　つまり、より多くの水をより早く下流へ流すことができるようになる。上流が改修を受けた川では、例外なく下流の洪水ピークが高まり、それにつれ水害の危険度も増す。ヨーロッパ大陸の大河川は、ライン河・ドナウ河など数国間を数千キロメーターにわたって流れ、下流域ほど一般的に大都市が発達しているので、これは安全性の上から大変な問題となる。

III 環境破壊と種の絶滅

環境破壊
我々を取り巻き、地球の生命活動を支える3要素である水・大気・土壌の汚染と、その循環である気象の異変、さらにはその結果のエコシステムの崩壊などを指す。

人間社会が物質的豊かさを増すにつれ、様々な環境破壊*が大きな問題となってきた。我々人類はその日の利益のみを追いかけるという近視眼的思考法から、もう少し長い広い視野に立って、地球全体の営みを見直すことを迫られている。エコシステム（生態系）への配慮は、動植物への慈悲温情に留まらず、地球という大きなエコシステム／ビオトープの中に生きる人間自身への思いやりでもある。

短い年月に莫大な数の動植種が絶滅し、さらに絶滅しつつある（地球全体で100〜200種/日という試算もある!）という悲劇。しかもその多くに我々人類の活動が（直接または間接的に）関与しているという事実に直面し、あらゆる分野で今までのやり方に対する反省の声が上がっている。

環境破壊や種の絶滅に関するスイスのデータを、以下にいくつかあげる。

1. スイスの環境データ

スイス環境諸データ（1991年現在）

項　目	変　化
エネルギー消費量 （従って大気汚染）	1960年以来2倍増
道路交通量（車）	1960年以来10倍増
地上建設	1m²/秒
湿原	1880年以来90％が消滅
高木果樹	1950年来75％が消滅
雑木林・ヤブ	1970年来30％が消滅
森林と広葉樹	森林の60％が林業のための二次針葉樹林 （主にドイツトウヒ）
無施肥草原 貧栄養性草原	第二次世界大戦以後大幅に減少
小川	1／2が暗渠化
農家の化学肥料使用量	1960年以降4倍増 （動植物種の個体数の激減時期と一致）

（資料：ハンス・ヴァイス氏、マリオ・ブロッチ氏）

2. 近自然領域の必要量

自然領域と近自然領域
人間の手が入っていないのが自然領域で、人間の手がそれほど入っていないか、人間によって自然の要素を復元しているのが近自然領域。

　種の絶滅を食い止め、多様性を確保するために、自然領域*と近自然領域とは大変重要だ。一度失われた自然領域を再び元に戻すことはできない。しかし、近自然領域は我々の努力次第でいかようにもなる。

　スイスにおいて現在存在している近自然領域は、国土ので6.7％だが、これを12％にまで高めることにより、種の多様性をある程度維持することが可能だという。これは、現在の約2倍の面積に相当する。

近自然領域の必要量

機 械	現 状	必要量
農耕地域	3.5％ 存在	
森林域	20.0％ 存在	
合 計	6.7％ 存在	12 ％ (現状の80％増)

(資料:マリオ・ブロッチ氏)

＊スイスでの近自然領域達成目標は、1950〜60年代に存在した量と質（面積と多様性など）
＊大気浄化の目標値も1950〜60年代のレベル

3. スイス・レッド・データ

レッドリスト
赤は危険を意味することから、絶滅種や絶滅危惧種をまとめたリストのこと。レッドデータ・ブックともいう。

絶滅と絶滅危惧種
すでに絶滅が確認されたものが絶滅種で、まもなく絶滅すると予想されるのが絶滅危惧種。正確にはいろいろな段階がある。

スイス・レッドリスト*抜粋

動植物種	現 状
植 物	大規模な保護をしない限り、現存種の1/2は2030年までに絶滅（緑地面積が減少するわけではなく、画一的になる）
昆 虫	確認16,603種（未確認推定約26,600種）の内、推定47％が絶滅または絶滅危惧種
トンボ	確認74種の内、41種（79％）が絶滅または絶滅危惧種*に指定
チョウ	20世紀初頭より現在まで、個体数は 1/100 に減少（99％減少！）し、さらに減少中 種数では、確認195種中76種（39％）が指定
両生類・爬虫類	80％が絶滅または絶滅危惧種に指定
魚 類	確認52種の内、41種（79％）が絶滅または絶滅危惧種に指定

環境破壊と種の絶滅

鳥　類	確認196種の内、113種（58％）が絶滅または絶滅危惧種に指定
哺乳類 （コウモリ以外）	1990年カワウソ絶滅（PCBが原因と推定）し、さらに22種が間もなく同様の運命をたどる
コウモリ	約60％（不確定）が絶滅または絶滅危惧種に指定
オオヤマネコ （写真5-03）	17世紀に絶滅 1970年代より、アルプス山地・ジュラ山地で人工再繁殖を試み、一応成功
オオカミ	1875年スイス・ジュラ山地で絶滅 現在、イタリア側からアルプスを越えた事例がいくつか報告されている
ヒグマ	1919年スイスで最後に目撃報告 現在、旧ユーゴからオーストリアまで移動が確認

（資料：スイス連邦　環境・交通・エネルギー・コミュニケーション省　環境・森林・ランドシャフト局、チューリッヒ州立総合大学野生動物学研究室、WWFスイス）

（写真5-04）

●写真5-03
■オオヤマネコ
資料：WWFスイス
家畜を襲った場合、射殺するかどうか、いつも議論が繰り返される。

●写真5-04
■スイス・レッドリスト
資料：WWFスイス
元のデータは、スイス連邦　環境・交通・エネルギー・コミュニケーション省　環境・森林・ランドシャフト局より。

第5編　歴史と背景

Ⅳ 近自然河川工法の芽生え

　病んだ地球の末期的症状に直面し、ヨーロッパでも環境問題に最も高い意識を持っている（従って自然保護、生態系保護、環境保護関係のNGOが力を持っている）、スイス、ドイツ、オーストリア、リヒテンシュタインなどドイツ語圏諸国で、1970年代に河川技術者や景観工学家を中心にして新しい河川改修法が試みられるようになった。（実際にはNGOや環境・漁業関係の役所に尻を押される形ではあったが…）それが今日の近自然河川工法の原形である（**142頁写真5-05〜08**）。

　現在少しずつではあるが、他の欧州諸国（北欧、イギリス、イタリア、フランスなど）、旧東欧圏（チェコ、ポーランドなど）、さらには北米（アメリカ合衆国、カナダ）へも広がりつつある。

　日本へは1980年代中頃に、高知県の福留脩文（西日本科学技術研究所代表、日欧近自然河川工法研究会）、愛媛県の亀岡徹（五十崎町シンポの会代表、日欧近自然河川工法研究会）両氏により紹介された。その後、北海道、愛知県、豊田市、北九州市などを中心にして、この新しい近自然河川工法の研究・研鑽が続けられ、ヨーロッパのエキスパートの目から見ても素晴らしい事例が生まれている。

　また、近藤徹（当時、建設省河川局長。元建設省建設技監、1999年現在水資源開発公団総裁）、松田芳夫（当時、関東地方建設局河川部長。元建設省河川局長、1999年現在リバーフロント環境整備センター理事長）、故関正和（当時、建設省治水課専門官、1995年1月逝去）、各氏を初めとした多くの技術官吏の努力により、早くも1990年11月、建設省河川局から「多自然型川づくり」の全国通達が出された。

　この「多自然型川づくり」のパイロット・プロジェクトは、1995年（平成7年）度末までで、日本全国で延べ5,000ヵ所を越える施工例が、また1997年（平成9年）度末までで、日本全国で延べ1,185kmにのぼる施工実績が確認されている。その中には誤解の大きなものも多いが、素晴らしい事例もどんどん増えている。

新河川法
従来の、洪水安全性一辺倒から、河畔林（樹林帯）など河川環境の整備・保全も考慮された。

環境アセスメント法
環境影響評価法。建設が環境にいかに影響を与えるのかを評価し、悪影響を最小限に抑えることを義務付けた先進的な法律。
スイスでは1986年、ドイツでは1990年に施行。

●写真5-05
■チューリッヒ州ミュリバッハ川、工事前
　資料：チューリッヒ州建設局廃棄物・水・
　エネルギー・大気部
かつて川が流れていたらしい形跡がある。

●写真5-06
■チューリッヒ州ミュリバッハ川、工事中
　1980年　資料：同上
護岸はせずに、弓状の床止めで水筋をコントロールする。

●写真5-07
■チューリッヒ州ミュリバッハ川、1年後
　資料：同上
本当の川づくり（自然の力による）は竣工から始まるといってもよい。

●写真5-08
■チューリッヒ州ミュリバッハ川、18年後
　資料：同上
鬱蒼とした森となった。放置した場合の自然のサクセッション（遷移）であることは事実だが、これが正しい維持管理法かどうかは別問題。

さらに、新河川法*（1997年施行）、環境アセスメント法*（1999年施行）により、日本の河川改修の新たな環境が整ってきた。

　一方、毎年300名にのぼる日本の河川技術者・生態・景観関係者がスイス、ドイツを訪問し、本場の事例を視察研修している。と同時に、スイスやドイツからも近自然工法のエキスパートが毎年のように日本を訪れ、全国各地で啓発を目的としたシンポジウムや専門家を対象とした技術セミナーを開いている。
　さらに、スイス/ドイツで定期的に開かれる、実際の川をテーマにした近自然工法ワークショップに日本の実務者が参加したり、日欧の公的機関が人と情報との交流を目的とした提携を結ぶ例もある。

　今後、この日欧間の技術交流は益々深まって行くことだろう。

　この新しい近自然河川工法に関しては、スイスのチューリッヒ州（クリスティアン・ゲルディー氏がオピニオン・リーダー）とドイツのバイエルン州（ペーター・ユルギング、ヴァルター・ビンダー両氏がオピニオン・リーダー）とが二大中心地と言っても良く、考え方も進んでおり、施工実績も格段に多い。
　もちろんこの他にも、ドイツのバーデン＝ヴュルテンベルグ州など長年にわたって研鑽と実績を積んでいるパイオニア達も存在するが、州をあげて近自然工法を押し進めるという形にまでは残念ながら至っていないようだ。

IV　近自然河川工法の芽生え

V 近自然思想の広がり
～川からプランニングや衣食住エネルギーへ～

　近自然工法は河川改修法から始まったが、現在では、都市計画、交通システム計画、道路建設などへも、

- エコプランニング（Ｌ oplanung：エコプラーヌング）
- 建築生物学（Baubiologie：バオビオロギー）
- 建築生態学（Bau嗅ologie：バオエコロギー）
- 近自然道路工法（Naturnaher Straァenbau）

という形で広がりつつある。というより、元々それぞれの分野で発展してきた新しい考え方が、ここへきて大きな**近自然思想**として一つにまとまりつつある、と表現した方が正確だろう。この近自然思想は、さらに

- 近自然林業
- 近自然農業（有機農法/非集約農法）
- 自然食品（ナチュラル・フード）
- 自然衣料（ナチュラル・ウェア）
- エネルギー利用
- パーマカルチャー*

などとのネットワークがどんどん広がりつつある。

　さらには、それらを統合した、「**エコホテル**」*、「**エコヴィレッジ**」*なども具体的な試みが進んでいる（詳しくは、「追補2　近自然の思想の広がり」参照）。

パーマカルチャー
食物・物質・エネルギー循環などを自家または自村で完結させるエコロジー思想

エコホテル
建築・食事・エネルギー利用などを考慮して、環境に優しく、宿泊客に快適で、しかも経費の節減を達成する

エコヴィレッジ
環境を考慮し、農業・林業・建築・エネルギーなどを村単位や地域のネットワークにより改善する

VI 近自然工法成功の背景

スイス/チューリッヒ州、ドイツ/バイエルン州において近自然河川工法の成功を背後から支えているのは、大きくは次の５点である。

- ●自然環境への高い意識
- ●技術力
- ●経済力
- ●民主国家としての機能
- ●時代の後押し

1. 自然環境への高い意識

1.1. 美しい自然

スイスはもちろん、バイエルン州も南部にアルプス山脈を持ち、自然が多様で美しく、多くの住民が観光などを通じてその恩恵を直接、間接的に受けている。

　　※スイスの観光は、時計・機械工業、薬品化学工業に次いで３番目に重要な産業。ちなみに４番目がスイス銀行で有名な金融。

従って、自然環境破壊は死活問題でもあり、
　　　　エコロジー（生態）＝エコノミー（経済）
ということが感覚的に理解できる。

1.2. 乏しい地下資源（水がほとんど唯一の資源）

地下資源に乏しく、原材料のほとんどを国外からの輸入に頼っている。特にスイスはこの傾向が顕著だ。しかし水だけは豊富に存在し、これが唯一の資源であるため、水の汚染に対しては大変神経質になっている。

1.3. ゲルマン民族の自然観

ゲルマン民族（北欧も）は元々森を初めとした自然を崇拝する自然観を持っており、それが現在の子孫達にも色濃く反映している。（日本もそうではなかったか？）

1.4. キリスト教の世界観

キリスト教（ユダヤ教も）では、人間は神の姿に似せて創造されたものであり、万物の霊長だ。人間の存在と繁栄その物が善であり、この宇宙の前提でもある。と同時に、人類は神により自然や他の動植物を慈しみ育て保護する使命を受けている。

1.5. 思考性・計画性・合理性・行動力

一般的な国民性として思考性癖が強く、目標に到達するための計画能力に優れ、その施策は大変合理的だ。（例えば、左右の見通しが悪い場所では、車の一時停止線が飛び出して切られていたり、警報機のある踏切では一時停止が不要、など。）

また、大気汚染防止のため有効という研究結果が出ると、自動車の制限速度を落としたり、交差点での信号待ち時にエンジンを切ることをすぐに法制化する。

必要性を認識したなら、すぐに実行する行動力がある。

2. 技 術 力

2.1. エンジニアバイオロジー（土木生物学）

古来ヨーロッパのアルプス地方には、エンジニアバイオロジー（ドイツ語ではエンジニアビオロギー）と呼ばれる、植生の持つ生命力・成長力を利用して、雪崩（なだれ）、崖崩れ（がけくずれ）、水害などを防ぐ土木技術があり、現在に至るまで連綿と生き続け、さらに改良を加えられている。山の森林育成が雪崩、崖崩れ、水害防

止にいかに重要なのか、スイスでは早い時期に認識され、森林保護法がすでに19世紀に成立している。

> スイスでは、森林が自然災害から人間を守るという認識はごく一般的であり、森林保護も1874年のスイス連邦憲法追補改定で規定された。

エンジニアバイオロジーが近自然河川工法の技術手法上の背景の一部ともなっている。この伝統的土木技術を河川改修に応用したものと言うこともできるが、思想的背景は全く異なり、同根ではない。

2.2. 先進工業国

スイス、ドイツは世界でも有数の先進工業国だ。それ故に、生物学、生態学、地理学、地質学などの近代自然科学や、水力学、土木工学、景観工学、エンジニアバイオロジー（土木生物学）などの近代テクノロジーの広範囲なバックアップがある。

3. 経済力

3.1. 過去の自然破壊と反省

スイス、ドイツは先進工業国中随一の高収入を実現（特にスイスは一人当たり世界一）した。その中でもチューリッヒ州はスイス最高の、バイエルン州はドイツ連邦内で一、二の高収入を得ている。逆に言えば、それ故に過去において工業化と建設による大々的な自然環境破壊が進み、特に都市周辺部には本来の自然が激減してしまった。それだけ、過去に対する反省も深く、自然への渇望も大きい。

3.2. 現在の物質的・精神的豊かさ

環境に配慮できるのは、物質的・精神的豊かさの現れだ。第二次世界大戦後に繁栄を見た物質文明においては、環境配慮は贅沢でもあるので…

従来の思考法では不必要だった、川の近自然化（再改修）を実行できる経済的・精神的ゆとりがある。

4．民主国家としての機能

4.1. 直接民主制

　特にスイスは政治制度として、町村では直接投票制（直接民主制）を、また住民数の大きな市・州・連邦では議会・政府と直接投票制との併用（半直接民主制）を取り、民意が政治に反映されやすい。チューリッヒ州では、約18億円以上の建設プロジェクトは、投票による州民の承認が必要だ。故に、政治家（専門職ではない）、議会、行政も主権者・納税者の意を汲み取る努力を怠らない。

4.2. 担当官吏の熱意と実行力

　これは日本でも同様だ。さらにスイス・ドイツでは役所間の垣根を越えての協調作業や相互批判ができる体制が整っている（整えた！）。

4.3. 住民、市民団体、漁業組合などの叱咤と支援

　かつて（一部現在でも）行政とNGOとは敵対関係にあった。それが近自然工法では大きく変わった。同志とは言いすぎだが、少なくとも、お互いに話し合いや協力ができるようになった。NGOからの逆提案によって、素晴らしい解決策を見付けることができたプロジェクトも多く存在する。

4.4. 行政の監視機能

　自然環境やランドシャフト問題などに関心のあるスイス国籍を持つ成人が4人以上集まると、自然・環境・ランドシャフト・故郷・記念物などの保護団体として登録できる。その中でも、各分野のエキスパート達をネットワークし、定款により全スイスを活動の場と定めた強大な団体は、スイス連邦内のどの様なプロジェクトや行政決定に対しても異議申し立てができる抗告権を、1966年来スイス連邦政府より公式に与えられている。

これら抗告権保有団体は、以下の団体他、23団体にのぼっている
- スイス国土計画連盟
- WWFスイス
- スイス野鳥保護連盟
- スイス故郷保護
- スイス自然保護同盟（プロ・ナトゥーラ）
- スイス・アルペンクラブ
- スイス環境保護協会
- スイス・ランドシャフト基金
- スイス漁業連盟
- スイス狩猟連盟
- グリーンピース・スイス（1998年7月、新たに追加）

　争議の際には、話し合いが付くか裁判所の判決が出るまで公共事業が一時的に工事ストップすることもある。大きなプロジェクトや問題の大きなプロジェクトでは、多くの団体が抗告に参加する。そのために、施主や行政は予め自然環境に注意深く配慮しなければ、プロジェクトの実現はおぼつかない。一般的にはプロジェクトのごく初期から、保護団体や関係者に情報を提供し、興味を示す団体とは協力してプロジェクトの質的向上を目指す。

　一方、州が支出するプロジェクトには州民全員が、市町村が支出するプロジェクトには市町村民全員がプロジェクトの内容を知る権利を持つ。その際30日間にわたって、プロジェクトの詳細の閲覧ができ、必要があれば（一定額以上の予算か、住民の要求で）その後に住民投票を行う。

5. 時代の後押し

　世界的に多くの環境破壊の調査報告がなされ、その余りにも悲惨な結果ゆえに、現在に生きる人間として無関心ではいられない状況となっている。

　営利を目的とした私企業でさえ、環境配慮を謳うことがイメージアップとなり、ひいては売り上げを増加させる時代だ。ましてや直接的な営利を目的としない行政では、この傾向はより強い（「追補2」参照）。

[第6編]
問題点とタブー

【要　約】
近自然工法の最大の問題点は、従来工法の延長では理解できない点であろう。意識改革が必要なためだ。特に外観の美しさと、近自然とを取り違えてはならない。

I 問題点

　近自然河川工法の良い点を中心に書いてきた。事実多くの長所を待っているのだが、近自然工法に問題点はないのだろうか？　欠点のないものは、この世の中に存在しないだろう。以下、多少の皮肉も込めて列挙する。

　ただし、ある者にとっては大きな問題でも、別の者にとっては大した問題とはならない。これらの問題点を理解した上で事に当たれば、近自然河川工法はさらに素晴らしいものとなるだろう。

1. 技術者・作業員に関する問題点

●誰にでも簡単にできるわけではない

　扱う範囲が従来の土木工学のみに留まらず、地球生態や大きな水の循環など、さらには倫理や哲学・心理学の分野にまで及ぶため、誰にでも具体的にすぐに良いものができるわけではない。色々なことを考え合わせ、頭を使わなければならないので、特に興味のない者には全くお手上げである。

●担当者の教育・再教育が絶えず必要

　従来と価値観が相当異なり、さらに現在ますます進歩しているので、技術者はもちろんのこと、建設業者、工事の作業員や、維持管理の作業員（ボランティアの協力者も）の教育・再教育が不可欠だ。一度学んだらそれで終わりというものではない。

●経験がものを言うので、優秀な専門家の養成に時間がかかる

　近自然工法では様々な手法がほとんど無限に存在する。それらの中から何を、どこに、いかに投入するのかは、小さな失敗を繰り返し、経験を積んでようやく分かるようになる。マニュアル通りに造れば誰でも初めから失敗なくできる、従来のやり方と基本的に異なる。

●コーディネート能力が不可欠

　従来は技術的に優れていれば優秀な技術者だったが、近自然工法は様々な分野の専門家との共同作業になるため、良い仕事のためにはチームの調整役になることが多い土木技術者の広範な知識とコーディネート能力とが大変重要となる。

2．土木技術者のみでは川が造れない

　いくら自然が好きな技術者でも、動植物種やその相互関係に対する知識には限りがある。様々な条件の下で川はどうあるべきか？ 10年後にはどう遷移していくのか？ これらを洞察することは難しい。また、地下水の状態はどうなのか、河川改修が地下水に如何なる影響を与えるのか？ 岩盤を掘削した時に何が起こりうるのか？ 水質問題はどの程度深刻なのか？ これらを独自に解決するには、土木技術者はほとんど無力だろう。

　そういう訳で、生物学家や景観工学家、さらには地質学や化学の専門家の協力なしには、本当の良い川はできない。ただし、自然が好きな、魚釣りが好きな技術者には近自然工法を深く理解する大きな可能性があるのは事実であろう。

3．ジェネラリストが求められる

　ある特定の分野に他の者が及ばないほど造詣が深いのが、専門家でありスペシャリストだ。今、近自然工法プロジェクトのメンバーに新たに求められているのが、このスペシャリスト（専門家）であると同時にジェネラリスト（普遍家）たることだ。すなわち、深い専門知識を持つと同時に、広範な分野への理解をも必要とするのだ。

　これなくしては、プロジェクトの成功はおぼつかない。

　現代社会は、スペシャリストがキャリアを積み易いようにできている。スペシャリストは高い社会的評価を受け、地位や名誉、さらに収入も保証されている。

　現状では、すでにスペシャリストとしての地位を確保した者か、

常識的キャリア（社会的地位や高収入も）を諦めた者がジェネラリストとしての研鑽を自らに課しているのである。

4．一般大衆の啓発が必要

従来工法とはその拠り所となる思想がかなり異なるので、NGOや納税者である住民の理解と支持とがどうしても必要だ。そのため、一般大衆への地道な啓発活動が欠かせない。ただし、うまく行き出すと皆が後押しをしてくれる。

5．ローテクで手足が汚れる

ハイテクが好まれる世の中では、多くの者がコンピューターが完備して空調のきいたこぎれいなオフィスで、手足を汚すことなく机上ですべてを設計したいと希望するのかもしれない。

それに対して、近自然工法ではコンピューターのシュミレーション計算や標準化マニュアルから抜き出してくるだけでは良い川ができない。川の観察や現場での試行錯誤など、ローテクで手足の汚れるフィールドワークでの善し悪しが、仕上がりのクオリティーを決定する。

6．計算が難しい

自然や近自然の川の形状や材料は多様で、単純な計算が難しい。多くを大学のモデル実験や実際の現場での実験や試行錯誤に委ねている。

ただし、この分野に興味を持つ技術者や研究者が次第に増えているので、間もなく状況が変わって行くだろう。

7．過去のノウハウが通用しない

<u>二面張り</u>
河川改修において、両河岸をコンクリートや石で固める護岸法。両河岸と河床を固める護岸法は三面張りという。

コンクリート三面張りや二面張り*で蓄積したノウハウが、近自然河川工法ではほとんど通用しない。新たなノウハウの蓄積が必要となる。

8．長いタイムスパンを必要とする

●植生護岸は、最初の2年間は弱い

水の浸食力の弱い場所や危険の少ない場所では、ヤナギや芝など植生のみによる護岸が考えられる（ただし、リスクを冒せない場所では試みてはいけない！）。

この場合には工事後約2年間、ヤナギなどがしっかり根を張り土手の土を固定するまで、浸食の被害を受ける確率が高い。麻やシュロのネット、または粗朶との併用など、知恵を絞る必要がある。

●最初の2年間は植生が繁茂せず、見た目も良くない

植生の生え揃うまでの約2年間は、見た目もあまり良くない。太陽エネルギーを有効に利用するという近自然の考え方からは、自然が自分で復活するのを待つべきだが、都市部など住民の目に触れやすい場所では、コストはかさむが初期植栽を考慮すべきであろう。

●川自身に造形をしてもらうので、折り合いが付くまでに時間がかかる

ある枠内で川自身に造形をしてもらうので、ある程度の時間（2～3回の洪水）がかかる。我々人間の側の利益（洪水安全性など）をも考慮しないといけないので、特に経験の浅いうちは、細かい修正を加えながら、川と人間とのお互いが納得する妥協点に落ち着くまで、試行錯誤を繰り返していかなければならないだろう。

9. 多様な建設材料を必要とする

　コンクリートのみを大量に消費する建設工事システムができ上がってしまっている。巨石・砕石（その土地特有の岩質）やヤナギ（護岸に利用できるしなやかな低木で在来種は数が限られる）などの生物材料の検討・改良・調達はこれからの大きな課題である。

10. オーダーメイドの手作り：　　　大会社が不利？

　以上のような各点を踏まえて、小規模（少人数）で小回りのきく設計会社・建設業者が実績を上げており、実際に施工結果も良い。大会社でも考え方さえ切り替えれば良いわけだが、多くは対応が遅れている。しかし、大会社といえども時代の潮流に逆らうことはできない。ようやく、景観学家や生態学家を初めとした専門家の雇用や社員の再教育に力を入れ始めた。

11. 設計・施工に　　　時間がかかる可能性がある

　従来のように洪水安全性と利水のみを考慮すれば良いのではなく、エコシステム/ランドシャフト/親水性など多面にわたる利益を高い次元で調和させなければならない。また建設材料も多様になるので、設計・施工に時間がかかることもある。逆の例も多いが…

12. 他の役所との連係プレーが不可欠

　良い川、ひいては良い国土、良い地球を造るためには、地域計画・道路・下水道・農業・自然保護・…　などの担当官庁間の連係プレーが不可欠である。
　日本の縦割り行政には馴染みにくいかも知れないが、正しい目的のために、何とかこの問題を解決していかなければならない。

II タブー

　　近自然工法でしてはならない事柄や考え方がある。何故してはいけないのかの説明は他の章に譲る。

1.「近自然工法」と目に見える「外観」とを取り違えてはならない

- コンクリートやブロック護岸を止めれば近自然工法だと考えてはならない
- 水制など石積み護岸を採用すれば近自然河川工法だと思ってはならない
- 緑化を近自然工法と取り違えてはてはならない（緑でありさえすれば良いのであれば、コンクリートの表面を緑のペンキで塗れば良い）
- 木工沈床など伝統工法を採用すれば近自然河川工法だと思ってはならない
- 科学技術の発達する以前の工法と近自然工法とを取り違えてはならない
- 造園手法を闇雲に取り入れてはならない
- 「桜堤＋ホタル護岸＋アユ釣り＝近自然河川工法」と考えてはならない
- 河道を定規で引いたように直線にしてはならない
- 逆に、闇雲にクネクネと曲げてはならない

2. その他

- 洪水安全性のみを達成して満足してはならない
- 逆に、人命・財産を危険にさらしてはならない（近自然工法は安全性を低下させるものではない）
- 従来の安全性の概念や実現手法に拘泥してはならない
- ある場所の現時点での特定の得失のみを考えてはならない
- スイス、ドイツの事例を表面的に模倣してはならない

- 逆に、「日本には日本独自の近自然工法があるべき」という独自性のみを強調してはならない
- マニュアル化をすれば誰にでも失敗なく設計できると考えてはならない
- 逆に、行き当たりばったりのみで考えてはならない（柔軟性と気まぐれとは本質的に異なる）
- 人間が自然や水を完全に支配できると考えてはならない
- 近自然工法でならいくらでも自然な川を改修してよいと考えてはならな（近自然工法は免罪符ではない）
- 緑にすればエコシステム（生態系）に良いと単純に考えてはならない
- ビオトープ創生とミティゲーション（環境破壊緩和）とを単純に取り違えてはてはならない
- 必然性のないビオトープを造ってはならない
- 貴重種（絶滅危惧種など）の現状だけに注目してはならない
- 逆に、貴重種対策をぐずぐず遅らせてはしてはならない
- 草刈りは一度に広く短く刈ってはならない
- 草花のタネが落ちる前に草刈りをしてはならない
- 草原を焼いてはならない
- 自然の摂理に逆らってはならない
- 人間がすべてを実現できると思ってはならない
- 設計図にすべてを記述できると思ってはならない
- 設計図どおり寸分の違いもなく施工できたら良い工事だと思ってはならない
- 逆に、意味もなく設計を変えてはてはならない
- 「それは自分の専門ではないので…」という言い訳をしてはならない（ジェネラリストにこの言い訳はない）
- 非合理的であってはならない
- 非効率的であってはならない
- 非経済的であってはならない
- ある一点や一部だけに拘泥してはならない
- 短絡的・近視眼的に川を見てはならない

…などなど
読者が自分でこのリストに項目を追加して欲しい。

[第7編]
大きな災害に接して

【要　約】
ヨーロッパにおいて、そして日本において、近年発生した大きな自然災害によって、近自然工法の重要性がますます認識されることになった。

I スイス：ロイス川の大洪水（1987年）

　ロイス川（100年確率の高水量：700m³/秒）は、スイスアルプスに源流を持つライン河の支流の一つであり、典型的な山岳急流河川だ。度重なる氾濫はロイス谷へ進出した住民を長い間苦しめたが、約150年前の一次改修でショートカット直線化を受け、その野生の力が狭い高水堤（堤防）の間に抑え込まれたかのように見えた。

　しかし、近年の住宅・工場・道路建設による地表面の遮蔽、保水能力の低い針葉樹の人工林、さらには大型トラクターなど重量マシーンを多用する農業の集約化に伴う大地の保水能力低下により、ロイス川の洪水ピーク（豪雨による一時的なピーク流水量）は上昇する一方となっていた。

　1987年8月、このロイス川において、200～300年確率にも値する大きな洪水（計測最大ピーク820m³/秒、破堤がなければ1,070m³/秒）が発生し、破堤のため付近に多大な損害を与えた（**写真7-01**）。

●写真7-01
■ロイス川大洪水 1987年8月
　資料：スイス連邦環境・交通・エネルギー・通信省水利局。
融雪増水、連続豪雨、高水堤の老朽化、流域の急激な開発、不十分な河積など、悪条件が重なった。

　このロイス川の新たな洪水対策において、ヨーロッパでも次頁の表のような先進的な試みがなされた。

　西暦2000年竣工予定のこのプロジェクトが完了すると、徹底した洪水安全性確保とエコロジー（生態）・ランドシャフト保護とが高度に調和した新たなロイス川が生まれることになる。

洪水対策のコンセプト

a	1000年に一度の確率の大洪水をも考慮	人間の力ではどうすることもできない大洪水でも、人命財産の損失を最低限に抑える
b	対象別保護目標の設定	道路や農地などを含めたすべての場所を一律に守るのはエコロジー（生態）にもエコノミー（経済）にも負担となるので、どこをどれだけ守るべきか決める
c	リスクの分散 （162頁 写真7-02）	一本の堤防にすべてを託すと、破堤の際の被害が甚大なので、防御線を幾重にも敷く 堤防間隔が大きければ大きいほど、その高さや規模は小さくて済む
d	エコシステム、ランドシャフトなどにも配慮	エコシステム、ランドシャフトなどは我々人類の共有財産なので、これへの配慮・投資は浪費・贅沢ではなくむしろ義務だ

洪水対策の具体的手法

<u>堤防のかさ上げ</u>
堤防を高めること

1	ロイス川本線の改修は50年確率の洪水に対処するに止める	ロイス川の拡幅、高水堤のかさ上げ*など土木工事を最低限にすることが可能だ
2	50年確率以上250年確率までの洪水はロイス川に併走するアウトバーンへ分流する （洪水時にはアウトバーンがロイス川の一部となる）	高水堤の一部を越流堤としてロイス川の水を溢れさせ、隣接して走るアウトバーンの反対側にある防音壁を洪水フェンス（二次堤防）として設計する （162頁 写真7-03）
3	250年確率以上の洪水は、ロイス川から約450m離れて併走するアルトドルファー・ギーセン川に沿って建設される三次堤防と国有鉄道の土手で受ける	1000年確率の大洪水が来ると、平時50mの河幅を持つロイス川はアウトバーンや牧草地を含めて実質的に450mの河幅となる（従って水位は非常に低く流れも緩やか） （162頁 写真7-04）
d	エコロジー、ランドシャフト対策	・アルトドルファー・ギーセン川の近自然化 ・新設するロイス川高水堤の近自然的緑化 ・高水堤の新設・移設・かさ上げに際して、できるだけ旧堤防の材料を再利用 ・ロイス川河床部の近自然化 ・ロイス川の護岸は空石積みとする ・隣接農地への高木果樹*の植樹 ・並木の植樹 ・カワセミ、カワガラス、トカゲなどのハビタート（生息空間）を創生

<u>高木果樹</u>
リンゴ、ヨウナシ、サクラ、アンズなど、家の周辺の果樹はかつては村々の一般的な風景だった。しかし能率が重んじられるようになり、急激に消滅してしまった。ランドシャフト・故郷（ふるさと）保護として、高木果樹はスイスでは重要な要素だ。

I スイス：ロイス川の大洪水（1987年）

画像中のラベル:
- 越流堤（オーバーフロー設備）
- アウトバーン洪水防御壁（二次堤防）
- 高水堤（一次堤防）
- ギーセン川右岸堤防（三次堤防）
- ロイス川デルタへの越流堤
- 左岸二次堤防
- アウトバーン下排水口
- ロイス川大洪水 1987年8月

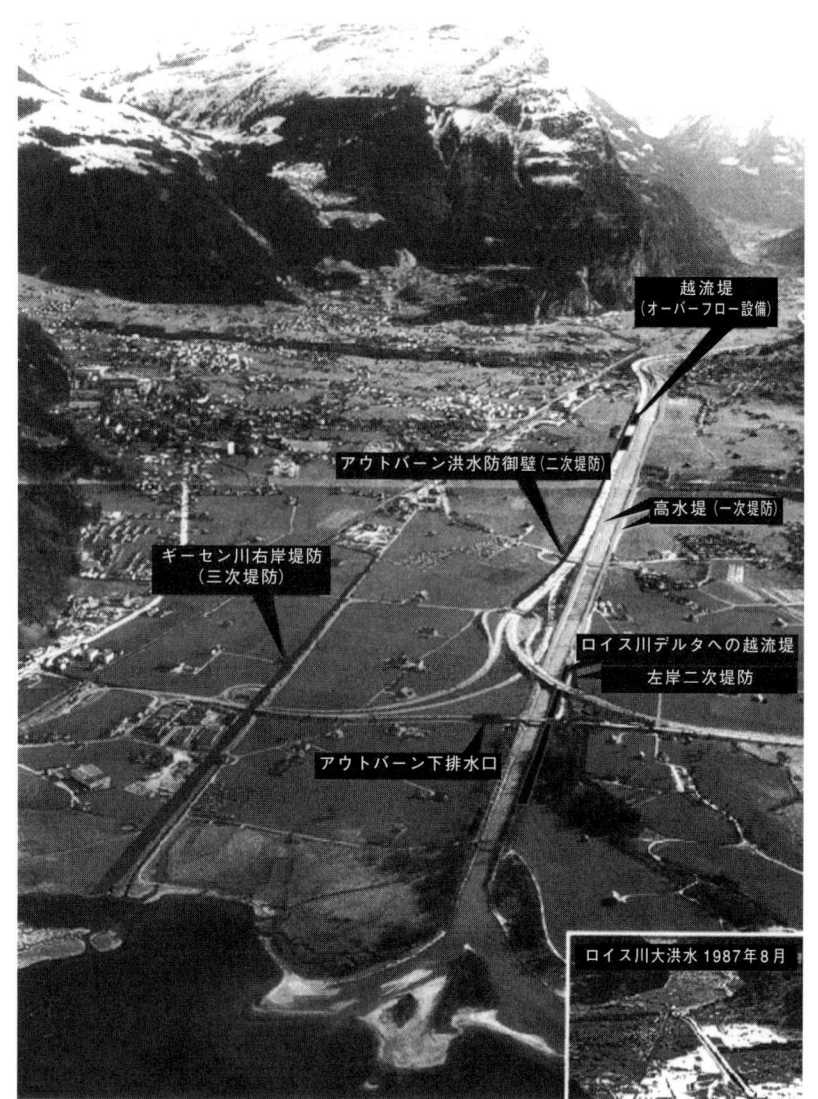

●写真7-02
■リスクを分散した多様な洪水対策
資料：ウーリ州建設局土木部

高水堤1本にすべてを託すのは危険だ。防御線を何重にも引き、リスクを分散する。

●写真7-03
■アウトバーンの洪水フェンス（二次堤防）
50年確率以上の洪水では、ロイス川はアウトバーンと一体となる。

●写真7-04
■ギーセン川の三次堤防
250年確率以上の洪水では、ロイス川の水面はギーセン川まで広がる。

第7編 大きな災害に接して

II ヨーロッパ：ライン河の異常増水（1994～95年）

1994年から1995年にかけて、西ヨーロッパ諸国の河川（特にドイツ、オランダ、フランスにおけるライン河水系）は異常増水に見舞われ、1995年1月の氾濫では、死者数10名、50万人以上が長期避難という異常事態となった。

「それが単なる異常気象に起因するものではなく、我々人類が数100年かけて森林を伐採し、地表を遮蔽し、川を改修直線化してきた結果だ」
という認識が、ラジオや新聞を初めとしたマスメディアにおいて見聞きされた。住民の対策要求に対する行政側の回答は、以下のようなものだった。

「ライン河流域の関係5カ国（源流のスイスから、オーストリア、ドイツ、フランス、そして河口のオランダまで）が国境を越えて一致団結し、最終的に洪水ピークが鈍化するよう以下の3点に関しての歩調を合わせる」

これまでのように各国がバラバラに対策を講じても、河川問題を抜本的には解決できないからである。

ライン河の洪水予防策

a	空間計画（ゾーニング・プラン、土地利用計画）の見直し	・危険な場所に住まないゾーニング
b	流域管理の見直し（川から見た土地利用計画の再検討）	・水循環の健全化：森林保護、雨水の地下浸透の促進 ・冠水域の確保： 　森林・河畔林/水辺林・湿地など自然の冠水域 　道路・駐車場・公園など人工の冠水域 ・水質：下水道整備、農業の非集約化、川の近自然化 ・裸地や人工針葉樹林を減らし大地の保水力を上げ表土流失を抑制 ・他
c	自然保護の促進	・森林、河畔林/水辺林、湿原、湖沼沿岸帯などの保全拡大

これらはまさに、近自然河川工法の基本原則以外の何ものでもない。

そういう訳で、ヨーロッパでも最も進んだスイスやドイツの近自然工法に携わるエキスパート達の使命は、将来の数100万人の生命、数兆円の財産を左右するという意味からも大変重く、今後ますます注目を集めていくことになろう。

Ⅲ 日本：阪神淡路大震災（1995年）

　1995年1月に100万都市神戸を大地震が直撃し、死者5,000名以上、推定被害総額2兆円以上という空前の大災害となった。その際に多くの家屋、鉄道、道路なども被害を受けたが、川に関しては以下のようなデータが新聞紙上に出ている。

　建設省近畿地方建設局管内における被害状況は以下だった。

従来工法	8河川、77カ所でコンクリート護岸の崩落・ひび割れなど破損が確認
多自然型	13河川、30カ所の「多自然型」改修現場はすべて無傷

　ただし、同一条件での正確な比較は不可能なので、その点を考慮してデータを読む必要がある。また、このデータを「コンクリート」を止めさえすれば地震に対する安全性が上がると読むのは間違いであろう。
　実際に、誤解を生むという理由で、この報道に対して行政側からのクレームが出ている。
　本格的なデータの蓄積はこれからである。

　柔構造が地震に強いのは当然とも言えるが、実際にこのような形で確認されたのは初めてである。
　また、乱開発を受けた宅地造成地では、崖崩れによる被害も報告されているが、これなども近自然思想による再考を要する。

Ⅳ スイス、ドイツ：ライン河、ドナウ河、ローヌ河水系の異常増水（1999年）

1999年5月から7月にかけて、スイス・アルプスの北側、ドイツの南部一帯で、100〜200年に一度の確率と目される異常増水が発生した。始まりの5月は、表土凍結時*の豪雨による増水には遅すぎるし、本格的な融雪増水*には早すぎるため、季節的にも異常だ。この地域は、ライン河、ドナウ河、ローヌ河というヨーロッパの3大国際河川の上流部だ。また、ボーデン湖、レマン湖、チューリッヒ湖という大きな湖を流域内に含む。これらの水位が一斉にジワジワと上昇し、しかも数カ月にわたって持続したのだ。水位の上昇が比較的緩慢だったため、崖崩れ以外の死傷者は幸いほとんどなかったものの、住宅・工場・農地の冠水被害は甚大であった（写真7-05〜07）。

日本の琵琶湖の規模に匹敵するボーデン湖*では、一ヶ月の間に水位が約3m以上上昇し、また人為的に水位調節を行っているチューリッヒ湖*でさえ通常の高水位よりさらに約1m水位が上昇した。

その結果、かつて排水して農地・飛行場・宅地化した湿原は再び元の湿原に戻り、多くの家々の地下室や地上階（日本の一階）、河畔・湖畔のプロメナード（遊歩道）は長期間にわたって浸水・冠水した。

あまりに規模が大きく（ボーデン湖だけで湖岸総延長約270km）、継続期間が長かったため、市民やマスコミから従来の洪水対策に対する次頁の表のような批判や疑問が、行政に対して多く寄せられた。

表土凍結時
雨水が地下浸透できず、すべてが地表を流れて川のピークを上昇させる。寒冷地で洪水の起こる典型的な原因の一つ。

融雪増水
降雪地帯を流域に抱える河川の、雪解け水による例年の増水。

ボーデン湖
スイス、ドイツ、オーストリア国境にあり、総面積571.5 km²、最大長63km、最大幅14km、最大水深254m。

チューリッヒ湖
スイス連邦内でルツェルン湖、ヌシャテル湖に次いで三番目に大きな湖。国境のボーデン湖とレマン湖はより大きい。総面積90.1 km²、最大長40 km、最大幅4 km、最大水深143 m。

■ボーデン湖の異常増水：1999年6月

●写真7-05
■冠水した港駅：通常の高水位より3m高い状況。

●写真7-06
■湿原に戻った湖畔：人工的な護岸ができる前はこのような状況であろう。

●写真7-07
■冠水したライン河プロメナード：直接の危険が少なく、人は異常な状況を楽しむ。

第7編　大きな災害に接して

住民からの疑問と行政の回答

疑　問	回　答
堤防が低すぎるのではないか？	堤防を無限に高めることは、エコロジー、ランドシャフト、親水性、コストなどの問題からできない。納税者に堤防建設に対する多大な出費やその他のマイナス面をどこまで認める用意があるのか疑問である。
排水されずに残された湿原が洪水の原因になったのではないか？	湿原は遊水池の機能*を果たし、洪水を抑える効果がある。問題は、逆に湿原の排水と減少だ。
湖の水位調節に失敗したのではないか？	湖において事前に約1mの水位低下を準備したとしても、満杯時にはわずか1cmしか水位差が出ない。それ以上増水する場合には、いずれにしても溢れる。湖を空にすることはエコロジー、ランドシャフト、親水性、漁業の上から許されない。
天気予報が正確さを欠いたのではないか？	現在の科学技術では、ある程度正確な予報はせいぜい24時間前にしか出せない。しかも、局地的豪雨の予報は不可能である。
警報システム、緊急対策などの対応が遅れたのではないか？	一部の地域では、砂嚢・土嚢の不足など、確かにベストとは言えなかった。水位上昇が一般的に緩慢だったため、緊急の堤防のかさ上げや浸水した地下室のポンプ・アップなど対処をしている。しかし、広範囲で長期間に備えるマンパワーはない。

湿原は遊水池の機能
湿原は増水時には貯水する能力があり、湖と同じように洪水のピークをカットする遊水池となる。下流側の洪水安全性に大きく貢献する。

洪水のプロセスを検討すると、越堤の洪水*ばかりではなく、長期にわたって河川湖沼の水位が上昇したため、地下水位が上昇し、地中の伏流水やインターフロー（中間流）が地上に噴出することによるものが多かった。

越流の洪水
洪水は普通堤防を越えてくると思われがちだ。短期の増水では確かにそうだが、長期の増水では、水圧により水が地中を通って浸水をもたらすことがある。この場合、堤防を高めても洪水を防ぐのに何の意味もなさない。

災害の原因

a	低地に住む危険性と方策を行政も住民も忘れた。
b	新たな土地を確保するために湿地の排水、川のショートカット直線化などを多く行った。それにより、河畔林/水辺林・湿原・池沼など遊水池としての効果を持つ自然の冠水域がほとんど消滅した。
c	早期警報システムと、堤防の一時的かさ上げや避難場所の整備など緊急対策の準備が不十分だった。

極論すれば、元々水に浸かる可能性が高い場所に、住宅・工場・道路・農地などが造られているのだ。また、この100年間に地下室にボイラー、重油タンク、ポンプ設備、空調やフリーザー、さらにはコンピューターなどの高額マシーンを新たに設置するようになり、

スイス、ドイツ：ライン河、ドナウ河、ローヌ河水系の異常増水（1999年）

これが問題を大きくした。さらに、下水管が地下深くを走っており、下水道システムが全く機能しなくなったため、あちこちで飲料水の汚染が発生した。

解決策

a	低地の危険地域に住まないか、浸水対策を講ずる	・空間計画でゾーニングの見直しをする ・伝統的に存在する高床式の建築法を再検討する ・浸水の可能性が大きい低地の住宅や工場では、コンピューター、ボイラ、その他機械類を地下に設置しない ・分流化*など、下水道システムの見直しで洪水時の水質汚染を軽減する
b	河川湖沼の近自然化と冠水域の拡大	・河川湖沼の拡幅拡大と近自然化の徹底 ・旧河道・河畔林/水辺林・湿原・池沼など、遊水池機能を持つ自然の冠水域を積極的に復元していくと共に、道路・公園・緑地・駐車場・キャンプ場・農地など人工の冠水域をも確保する
c	早期警報システム・緊急対策の見直し再整備	・軍隊・消防・ボランティアの投入など

結果的に、近自然工法の重要性が再確認されることになったと言えよう。

分流化
下水道システムには、汚水と雨水を一緒に集め処理する古い合流式と、汚水と雨水を別々に集め汚水のみを処理する新しい分流式がある。合流式は豪雨時にオーバーフローし易く、放流先を汚染する。そこで、合流式下水道システムを分流式にすることを分流化という。

〔追補1〕
河川改修の原則
― 河川設計マニュアルに代えて ―

【要　約】
設計のマニュアル化をしてはいけない近自然河川工法だが、その原則はマニュアル化が可能だ。しかも全世界共通である。

1. 住民の生命財産を水害から守ることが第一義であり、その点では従来工法と変わらない。ただし、その実現手法が異なる。

2. 川に対する新理念
・地球の大きな水循環システムの一部として川を理解する
・「川は生きている」ことを認識（再認識）する
・大自然の秩序・機能・エネルギー効率は到底模倣できないことを認める
・川はいくら守ってもいつか必ず溢れるという認識に立って対策を講じる
・時間軸を含めたより大きな次元から川の全体像を把握する
・川には様々な要素があることを認識し、他の役所や専門家と協調する
・洪水安全性の確保も、河川技術者一人の仕事ではなく共同作業である

3. 近自然河川工法における重視点と目標
　　・洪水安全性
　　・水質
　　・ダイナミクス
　　・モルフォロジー
　　・エコシステム
　　・ランドシャフト
　　・親水性
　　・コスト

4. 新たな河川設計原則
　　・マニュアル化（設計標準化）を避け、川の個性を見る
　　・自然への土木介入は極力避け、改修は最低限に、しかもソフトに
　　・すでに固い改修を受けている川の近自然化は積極的に行う

5．洪水対策の原則（順不同）

洪水プロセスの識別	洪水の真の原因は多様で、その対策も多様
リスク/残留リスク管理	どれほどの洪水が来れば何が起こり得るのか事前に把握し対策する
洪水対策の優先順位	連邦法によって規定（スイスの場合）
対象別保護目標の設定	どこをどれだけ守るのか、場所ごとに決める（「河川改修、Ⅰ．河川改修プロジェクト、7.設計、7.1.対象別保護目標の設定」の項参照）
掃流土砂の流下バランス	河岸や河床の浸食と堆積とのバランスを取る
冠水域の確保と保全	森林、河畔林、草原、旧河道、農地、駐車場、道路、公園、グランド、キャンプ場、市街地内下水道網など
近自然河川工法で改修	洪水安全性と共に、健全な水の循環、エコシステム、ランドシャフト、親水性などへの配慮は不可欠
極端な大洪水も考慮	計測、予測、警報、避難、救助システム

6．洪水対策の優先順位

1	正しい維持管理	堆積物の掘削など河積の確保や損傷護岸の修復など
2	間接手法	危険を未然に防ぐゾーニング、森林の育成、冠水域/遊水域の確保など
3	直接手法	土木工事による河川改修

7．ミティゲーション（環境破壊緩和）の優先順位

1	回遊	建設がどうしても必要かどうか考慮し、必要がなければ建設を中止する
2	縮小	計画された規模が必要かどうか考慮し、必要がなければ建設規模を縮小する
3	代替	他の場所・他の時期など建設代替策により、環境やエコシステムなどへの侵害を低減する
4	修復	代替の森林・エコブリッジ・遊水池・浄化設備などにより、建設による自然の損傷を修復する
5	代償	ビオトープ創生など他の方策により、建設による自然へのマイナスの影響を償う

9．プロジェクトの流れ

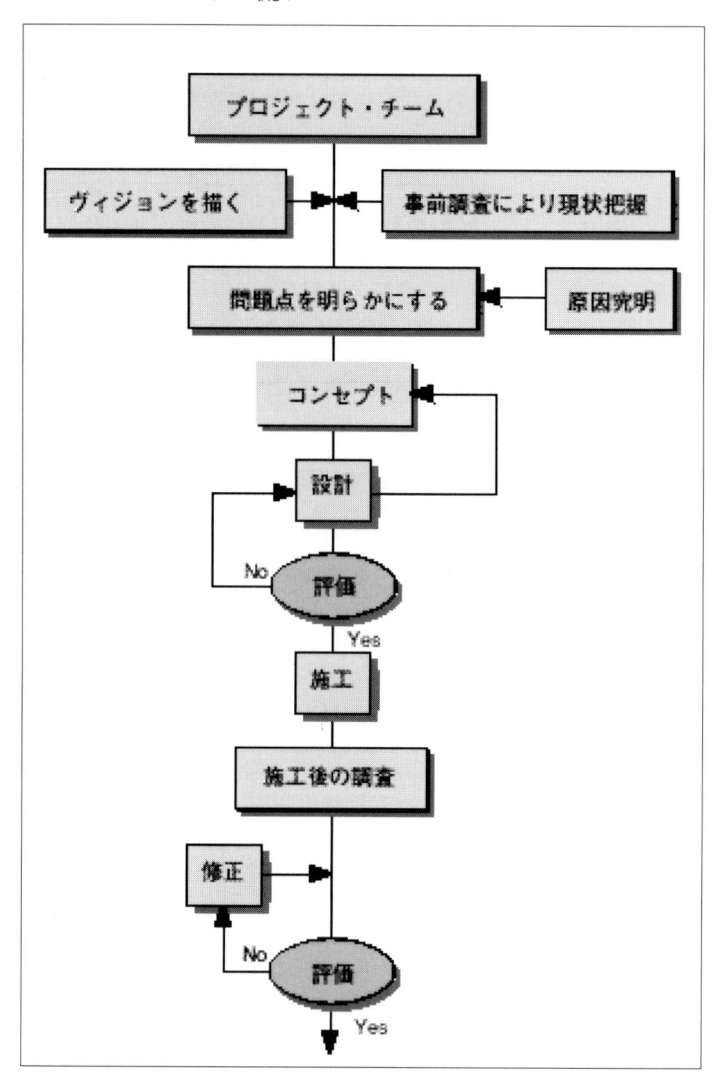

```
          ┌─────────────────┐
          │ プロジェクト・チーム │
          └─────────────────┘
                   │
    ┌──────────┐   │   ┌──────────────────┐
    │ ヴィジョンを描く │◄─┼──►│ 事前調査により現状把握 │
    └──────────┘   │   └──────────────────┘
                   │
          ┌──────────────┐     ┌────────┐
          │ 問題点を明らかにする │◄────│ 原因究明 │
          └──────────────┘     └────────┘
                   │
             ┌─────────┐
             │ コンセプト │◄──┐
             └─────────┘   │
                   │        │
               ┌──────┐    │
           ┌──►│ 設計 │    │
           │   └──────┘    │
           │       │        │
          No   ┌──────┐    │
           └───│ 評価 │────┘
               └──────┘
                  │Yes
               ┌──────┐
               │ 施工 │
               └──────┘
                   │
             ┌──────────┐
             │ 施工後の調査 │
             └──────────┘
                   │
       ┌──────┐   │
       │ 修正 │──►│
       └──────┘   │
           ▲   ┌──────┐
           └─No│ 評価 │
               └──────┘
                   │Yes
                   ▼
```

9．プロジェクトでは最低、「土木技術者」、「景観工学家」、「生態学家」の3者、必要があればさらに地質学、化学、建築、歴史学、社会学、心理学、法律などの専門家のチームワークが必要となる。

10．その川が本来どうあるべきか、エコシステム（河川生態系）やモルフォロジー（河川形態）のヴィジョン（理想像）を描く。その際、実現可能かどうかは考慮する必要はない。

11. 現状を把握するため、事前調査をする。

土木工学	・洪水安全性 ・堤防・橋脚など構造物の強度 ・過去の改修状況
水質	・汚染物質と汚染源
水文学	・ダイナミクス（浸食・堆積・洪水）と掃流土砂の流下バランス ・モルフォロジー（河川形態）
エコロジー	・エコシステム（河川生態系） ・貴重種の存在
ランドシャフト	・周辺との調和
親水性	・住民の心の面から川を見る
地質学	・地下水、地下水流、伏流水、インターフロー ・地質構造
その他	・付近の土地利用

12. 問題点を明らかにする。

　　問題点 ＝ ヴィジョン（理想像） － 現状（事前調査結果）

13. コンセプト：問題点の優先順位とそのバランスとを明確に決め、それらをリカバリーすることを河川改修プロジェクトの目的とする。

14. 設計の流れ

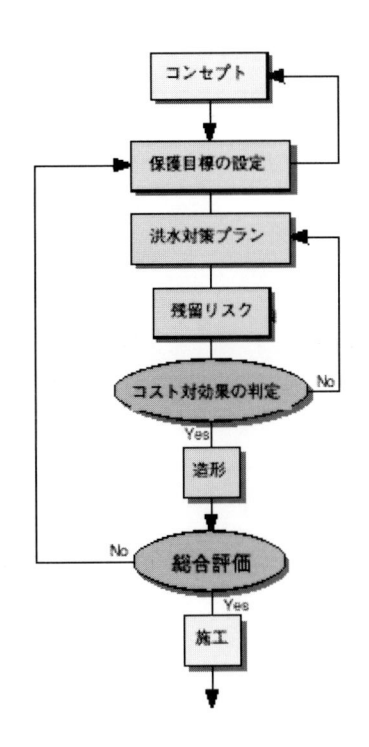

```
コンセプト
    ↓
保護目標の設定 ←──┐
    ↓            │
洪水対策プラン ←─┐│
    ↓           ││
残留リスク      ││
    ↓           ││
コスト対効果の判定 ─No─┘│
    ↓ Yes              │
造形                   │
    ↓                  │
総合評価 ─No───────────┘
    ↓ Yes
施工
    ↓
```

15. コストと自然への侵害を抑えるため、対象別保護目標を設定する。

	保護対象	保護目標 (洪水確率)	備　考
1	人命・財産の密集地	100年	現実的な最大限の安全性を確保
2	まばらな人家・道路	50年	道路は冠水による被害が少ない
3	農地・牧場	20年	冠水時間とその際の水流に注意
4	森林・草原	5年	ほとんど守らない
5	河畔林・旧河道	0年	洪水の度に冠水

＊下位対象を守りすぎると、必然的に上位対象への負荷となる

16. 設計のマニュアル化（標準化）をしてはいけない。
    ただし、近自然河川工法の原則に関しては、全世界すべての川に共通なのでマニュアル化が可能。

17. 護岸から流線（エネルギー・ベクトル）のコントロールへ考えを転換する。

18. 護岸は帯工を優先し、一律の設計を避ける。逆に、様々な工法の羅列も避け、適材適所を心がける。

19. 掃流土砂の流下バランスを取り、地下水位の変動に注意する。

20. 現場に相応しいソフトで生きた材料を優先的に選択する。

優先順位	タイプ	材料
1	ソフト材	ヤナギ・芝など生物材
2	コンビ材	石＋ヤナギ、など
3	ハード材	石、コンクリート、ブロック、など

選択基準

建設材料	浸食力	土地の余裕	時間の余裕
ソフト材	小	大	大
コンビ材	中／大	中／小	中
ハード材	大	小	小

追補 1　河川改修の原則

21. 植物は在来種を、石は現場の地質に合ったものを選択する。

22. 造形：時が川を創る

理　想	できる限り放置する
中　間	近自然造形を10年後に実現し、まれな維持管理を行う
最　悪	人工的なデザインを竣工時に実現し頻繁な維持管理を行う

23. 時間を利用：
過去から現在さらに未来への時間・歴史の経過を考慮に入れる。エコシステムのサクセッション（遷移）や川のダイナミクス（浸食・堆積・洪水）によるプロセス（変化の過程）を考慮する。

24. 造形手順

手　順	内　容
1	将来実現すべき目標像を描く
2	何年後に実現すべきか？
3	そのためには、いつ、何をすべきか？

25. できるだけ広い土地を川のために確保：
洪水安全性、エコシステム（生態系）、ランドシャフトなどすべての面から有利である。

26. 逆に、土地がなくてもできることはいくらでもある：
極端な話、コンクリート三面張りの河床部のみを近自然化することも可能である。

27. 可能な範囲で、できるだけの川本来のダイナミクス（浸食・堆積・洪水）を川に戻す：
それがエコロジー的にもエネルギー・バランス上からも最も理想的と言える。

28. 現場や研究所でのモデル実験を積極的に活用する。

29. 河川内の樹木の植栽は、河積に余裕がある場合、ヤナギなど柔軟な低木を中心に積極的に利用する。特に複断面を持つ川では、

低水路岸に一列に並んだ樹木は、川の流下能力を阻害しない。

30. 設計図はフリーハンドを多用：
    設計図はイメージ図であり、すべてを指示せず、現場での柔軟な対応の可能性を残す。

31. 見積りは厳密にせず、ある程度の柔軟性を残す：
    経験を積めば±1％程度の誤差に収めることができる。

32. 正しい近自然工法による建設費は従来工法より安上がりだ。建設費が高いのは、一般的に、近自然河川工法を正しく理解していない証拠と言える。

コストから見た河川改修

建設コスト	低	中	高
河川タイプ	自然	郊外	市街地
洪水安全性	低	中	高
造形目標像	自然	近自然	人工的
実現時期	長期	中期	短期
ダイナミクス	大	中	小
エコロジー	良	中	悪
土地確保	広	中	狭
石油消費	少	中	多

33. 施工時は頻繁に担当者が現場で打ち合わせを行い、色々なことを変更し、また最終決定する。

34. 竣工は河川改修の終了を意味するのではなく、植生の成長や洪水に伴い川はさらに進展して行く。

35. 工事後のエコシステム追跡調査の費用をできる限り予算に含める。これが、将来のプロジェクトのための貴重なデータとなる。

36. 迅速な工事の成否判定が必要な場合には、魚類など河川エコピラミッドの頂点に位置するインジケーター（指標動物）を用い

た、簡易調査が非常措置として有効である。

37. 徹底的な調査を散発的に実施するより、簡易的な調査をあちこちで継続的に実施する方が、エコシステムに何が起こったのか、また起こりつつあるのかを把握し易い。

38. もっと時間と予算の余裕がない場合の簡便なプロジェクトの成否判定法：
これらは、設計時の留意点でもある。

項　目	成　功
水裏に余計な土木工事をしていないか？	していなければ成功
現場が庭園やデザイン例に見えないか？	見えなければ成功
河川内エコピラミッド頂点の魚や、それを餌とするアオサギなど増えたか？	増えていれば成功
何を工事したのか、竣工2年後に外観からハッキリ分かるか？	分からなかったら成功
10年後に自然の川と見分けがつくか？	見分けがつかなかったら大成功
子供が遊びに来ているか？	来ていたら成功
住民が余暇に遊びに行きたいと思えるか？	思えたら成功

39. 調査結果などから、優先順位の規定された問題点が確実に解消されたかどうか（プロジェクトの目的が達成されたかどうか）、工事の正否を判定する。
判定結果によっては、現場の手直しを行う。

40. エコシステムの調査を含む経験やノウハウを次の河川改修プロジェクトへ生かせるシステムを作る：
豊富な経験やノウハウを次のプロジェクトへ生かすことにより、時間や予算を節約でき、同時に大きな間違いを事前に避け得る。

41. 長い年月をかけて、ゆっくりと川と人間との折り合いを（維持管理、手直しを通して）付けて行く。

42. ジェネラリストの養成が急務だ。
プロジェクト・チームのメンバーは全員がスペシャリスト（専門家）であると同時に、広い視野と理解力を持ったジェネラリ

スト（普遍家）ことが望ましい。特にチーム・リーダーにこの能力を強く要求される。

43. 経験豊富で、深い洞察力を持ったエキスパートを養成し、アドバイザーとして多くのプロジェクトに参加させる。それによってプロジェクトの質が向上すると同時に、若い担当者の素晴らしい教育・再教育の場ともなる。

44. 学会、シンポジウム、セミナー、視察、など、お互いの経験やアイデアを交換し合い高め合う場を作る。

45. 近自然河川工法は、地球生態系全体の営みを健全化しようという、新しい近自然思想の一翼をなし、現在も日々進歩しつつある。故に、一度学んだら終わりというものではない。

〔追補2〕
近自然思想の広がり
― 川からプランニングや衣食住エネルギーへ ―

【要　約】
自然と人が共生するためには、川づくりだけが変わっても無意味とは言わないまでも不十分である。
最終的には、我々の日常生活が変わらなければならない。

I 都市計画
機能と経済性優先から、利便性と快適さの両

空間計画マスタープラン（土地利用計画の基本方針）を尊守した上で、従来の地区毎の性格を分離区別するパッチワーク的やり方ではなく、様々な意味での多様性を実現する。

新旧都市計画

テーマ	旧	新
重視点	経済性	生活の質や環境の改善
地区の性格	分離区別	多様化
職住	分離	調和混在
昼夜間人口	格差大	平均化
年齢構成	若年・独身中心	家族・高齢者も
交通政策	一元化	多様化
輸送手段	自動車重視	公共交通重視 長距離は鉄道 中距離は自動車・路面電車・バス 短距離は自転車・徒歩
集配所	郊外 高速道路のそば	都市内または隣接 鉄道のそば
注意点	住環境の悪化 人口流出	自然破壊や汚染の拡散

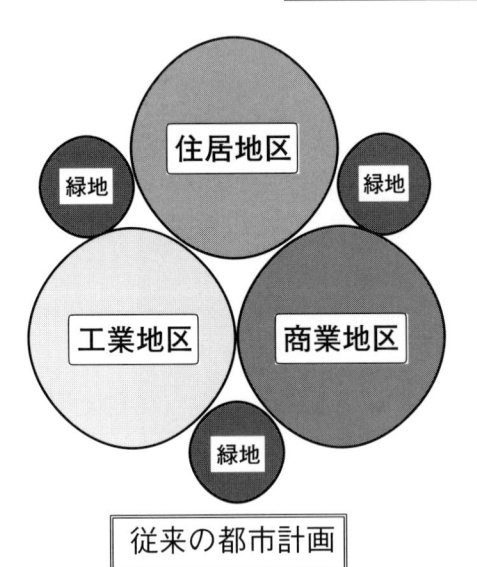

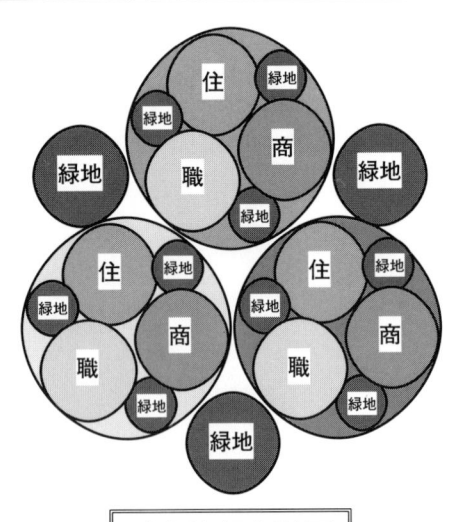

従来の都市計画

近自然都市計画

追補 2　近自然思想の広がり

新旧都市計画

テーマ	テーマ
生活の質や環境の改善を最重要項目とする	・一人当たりの十分な空間を確保 ・緑地・遊び場・出会いの場を設ける ・職住余暇の近在により交通量と移動時間を短縮する ・交通制御、公共交通の徹底により排ガス・騒音・振動・熱など有害エミッションを低減する ・自転車道・遊歩道を充実させる ・都市が元々持っている文化的側面（食事、買い物、映画、演劇、コンサート、オペラ、博物館、美術館、スポーツなど）の魅力を充実させる
地区の性格の多様化	・地区本来の性格を尊重しながらも、様々な要素を調和混在させる ・住居地区の近くに職場があり、商店も公園もある
職・住の調和	・昼間と夜間人口との平均化
住民年齢構成の調和	・子供達も高齢者も住める住宅や環境を造る
交通の分散抑制	・現在の交通問題は、毎日決まった時刻に決まった地区から決まった地区へ多くの人や物資が移動することに原因する（例えば、毎朝住居区から職場区へ、夕方はその逆。連休初めは都市部から地方へ、連休終わりはその逆。など…）
移動・輸送手段の特化	・長距離は鉄道、中距離は自動車、短距離は自転車・徒歩、都市内は市電・バス ・通勤は最寄りの駅までバスかマイカー、そこから郊外電車 ・一家が遠出する場合、荷物を車に積み、鉄道で目的地近辺まで運び、そこから車を利用する ・物品集配所を都市内の鉄道の便の良い所へ造り、そこまでは鉄道で、そこからトラックで配送すると、トラックの走行距離をずっと減らせる

その上で、都市/交通システム計画により具体的な建設/建築プランニングを行う。ここで重要なのは、ある建設や建築が、以下の事項を検討することで、ミティゲーションと同じ思考法となる。

・本当に建設が、また計画規された規模が必要か？
・他に代替案はないか？
・どうすればエミッションや環境負荷を低減し、損傷環境を修復できるか？
・環境負荷を償う補償措置はないか？

（「第1編　思想・理念・原則、Ⅵ. 河川改修における重視点と目標、4. エコシステム（生態系）、4.6. ミティゲーション（環境破壊緩和）」の項参照）

II 建築生物学・建築生態学
環境・健康・経済性も考慮

建築において、周囲のエコロジー、住人の健康・快適さ、経済性（建設費・維持費・廃棄物処理費）、ゴミ処理（リサイクリング・焼却の容易さ・環境負荷）などをも予め考慮するのが、建築生物学（Baubiologie：バオビオロギー）や建築生態学（Baukölogie：バオエコロギー）と呼ばれ、スイスやドイツを中心として大きな広がりを見せ、一般の関心も高まっている。

厳密には、この二つは同義ではない。これは名称成立の歴史的過程から来ているもので、「建築生物学」は住民の健康を、「建築生態学」はエネルギー収支（エコバランス*）を主眼においている。

エコバランス
生態収支またはエネルギー収支の意で、あるものを製造・運搬・使用・処理するのにどれほどのトータル・エネルギーを消費するのかを問題にすること。
これに対して「生態バランス」は、エコシステム（生態系）内における動植物の平衡状態のこと。

自国の自然建材
環境負荷を低減し、住民の健康を維持し、さらに処理費まで考慮してコストを低減するため、石油など化石エネルギー依存から脱し、太陽エネルギーなど再生エネルギーへ転換することが重要だ。
自然材は太陽エネルギーの塊であり、自国のものは運搬エネルギーの消費が少ない。
自然材でも近自然林業・近自然農法がさらに良く、運搬は船が最高、鉄道、トラック、飛行機の順に悪くなる。

●写真 9-01
■大きな窓による自然採光＋自然採熱／日本
断熱２重ガラスによる自然採光＋自然採熱も太陽エネルギーの有効利用で、暖房費の節約とひいては環境負荷を低減する。

建築生物学・建築生態学における注意点

建築材料	・如何なる建材を、どこにどれだけ投入するかを考慮する ・できる限り、自国や近隣の木材・漆喰・紙・布など自然建材*を選択する
エネルギー源	・再生可能でクリーンな、直接・間接太陽エネルギーの徹底利用が基本 ・人口密集地では集中暖房・給湯を考慮する
建物の断熱処理の徹底	・断熱材は自然材かリサイクル材を使用し、窓も遮熱タイプを選択する
太陽光・太陽熱の採光・採熱の徹底	・窓の角度・大きさ・構造などに配慮する：暗い室内の光源に苦慮するより、効率良い採光で明るい室内を実現すべき（写真9-01）
熱エネルギーの循環再利用	・環境保護と経済性の両面から重要：排気・排水中の余熱を捨てず、吸気や給湯用水のプリヒートに利用する
水の循環再利用	・水道水には大変なエネルギーが投入されており、不必要な使用を制限すべき ・雨水の捕捉（屋上などで） ・トイレ、草花、庭への散水、洗車、…などには飲料水を使うべきではない
建築法	・いつ、いかに建てれば環境負荷やエミッション（周囲への排ガス・煙・埃・臭気・騒音・振動・熱などの放出放射）が少なく、しかも経済的か？

追補 2　近自然思想の広がり

室内の正しい温度管理
冬にストーブをたいてTシャツで過ごし、夏にクーラーをつけてセーターで過ごすような状態を避ける。冬の室温を1℃下げると60%のエネルギー節約となり、さらに1℃下げるとさらに60%の節約となる。また、毎日暖房を完全に切ってゼロから温めるより、温度変動を不快にならない程度に小さくした方がエコロジカル。

エコロジカルな維持・運営・修繕	・室内の正しい温度管理*を実現する ・建物や機器をベストの状態で使用するのが、環境負荷やコストを低減する。(すきま風が吹き込んだり、フィルターの壊れたボイラーなどを避ける。)
売却時の経済性	・自然建材は価値の低下が少ないので高価に売れる
取り壊し時のリサイクリング・ゴミ処理	・自然材はリサイクル可能であり、ゴミ処理費が不要

　建設から取り壊し後のゴミ処理問題まで、すべてを総合すると、最終的には建築生物学・建築生態学に則った、エコロジカルな建築法がより経済的である。

エコロジカル（生態的）＝エコノミカル（経済的）

　今までは、例えば、ゴミ処理費などを他の納税者が代わりに負担していたのだ。(チューリッヒ州では一人年間約650円をゴミ処理・リサイクル税として徴収。）また、新しい考え方による都市住環境は、そこに生活する住人にとって、快適でしかも健康に良い。

クリーン	環境に負荷をかけない
ヘルシー	住民にとって健康で快適
エコロジカル＋エコノミカル	建築費・維持費・廃棄物処理費が安い

　現在スイスやドイツでは、行政はもちろん、私企業でさえも、エコロジーを考慮する（または、考慮していることを宣伝する）と良いイメージを得ることができる。実際に、そのようなエコロジー政策により、売り上げ倍増を果たしたスーパーマーケットも存在する。

Ⅲ エネルギー源

環境と経済性へ配慮した総合太陽エネルギー利用への転

　地球環境への負荷が石油を初めとした化石エネルギー（資源エネルギー）依存に起因していることは明確だ。21世紀の仮題は、これをいかに太陽エネルギーを代表とする再生エネルギー（循環エネルギー）へ転換するかだ。
　（「第1編　思想・理念・原則、Ⅱ.自然と人との共生、2.近自然思想・近自然工法・近自然河川工法」の項参照）

エコロジー（環境負荷）から見た熱源優先順位

優先順位	熱　源	備　考
1	ウッドチップ（木材の廃材）	放置しても腐敗によりCO_2などが出る
2	太陽熱	太陽光発電は太陽電池の製造・ゴミ処理に問題を残す
3	ヒートポンプにより大地・水・大気から集熱	電動モーターを使用するため発電方式により環境負荷が大きく異なる

暖房システムと大気汚染物質の排出量

（暖房用重油約100kgに相当する有効エネルギー1MWh当たりの汚染物質量で、製造、運送過程をも含む）

熱　源	温暖化 CO_2 (kg)	酸性雨 SO_2 (g)
ヒートポンプによる地熱利用（スイス電力）	28	167
ヒートポンプによる地熱利用（欧州電力）	190	1350
重　油	368	762
天然ガス	276	248
ウッドチップによるセントラルヒーティング	17	776
太陽熱	32	345

（資料：Energiefachbuch 1998/Züricher Energieberatung）

Ⅳ 道路・交通システム計画

環境・連関・波及効果なども考慮したプランニ

1. エコプランニング.

　従来より大きな時間的空間的視野に立ってプランニングする。これもミティゲーションに準拠した思考法だ。
　(「第1編　思想・理念・原則、Ⅴ.河川改修における重視点と目標、4.エコシステム（生態系）、4.6.ミティゲーション（環境破壊緩和）」の項参照）
　・本当に建設が必要か、また建設以外の代替案は存在しないのか、熟考する（基本姿勢：建設を避け得るなら避ける！）。

- 建設がどうしても必要な場合、規模の縮小を含めてあらゆる可能性を検討する。
- 建設した場合、周辺にどのような影響をもたらすか、事前に調査推察し、計画に修整を加える。
- ある問題の解決が他のより大きな問題を引き起こす可能性があることを考慮する。

例：チューリッヒから南のスキー場（サンモリッツなど）へ向かうアウトバーン（高速道路）は、ヴァレンゼー湖畔の一部が未開通で、冬場の週末は、ここでいつも大渋滞を起こしていた。両側が急峻に湖に迫った地形のため、ここをバイパスするための長いトンネルを通して、ようやくアウトバーンをつなげることができた。これで、かつての渋滞は完全に解消した。
　巨額の投資が報われたかに見えたが、残念ながら新たな大問題を招く結果となった。
　すなわち、今まで途中の渋滞により少しずつ先へ流れていたマイカーが、一気に各スキー場に殺到することになったのだ。さらに、アウトバーン全線開通という心理効果も相乗されて車の総数も増加し、多くのスキー場は完全にマヒ状態となってしまった。
　つまり、ある地域における問題の解決が、より広範囲で、より大きな問題を誘引したわけである。

・安全・健康・エコロジー・環境保護・経済性から最良の建設法（または、建設しないこと）を選択する。

道路が本当に必要なのか？　さらに、建設後の波及効果は？

2．近自然道路工法
～環境・安全性・効率・波及効果などへ配慮した道路づくり～

様々な連関を考慮した上で、やはり道路建設以外に問題解決策がないのか？

以下は、必要だという前提で書く。

2.1. 道路の理想像

自動車・自転車・歩行者などすべての道路利用者が、安全で、迅速に、効率良く、気持ち良く利用でき、しかも周囲や環境へ負荷をかけない

近自然思想は、自然と人との共生を目指す。

従来の道路造りは、環境へ負荷をかけるだけではなく、事故が多い、生活圏を分断するなど、我々自身へも負荷をかけている。

2.2. 問題点

理想像と現状とのギャップは大きい。このギャップこそが問題点である。

自動車事故の急増
世界中で年間約50万人が死亡、1,500万人が身体障害を受けており、西暦2020年までにさらに50％増加すると試算されている。(WoZ. 1997年12月4日)

利用効率
単位時間に道路や交差点に何台の車を通すことができるかを、ここでは仮にこう呼ぶ。道路の場合の交通流量は同義。日本の道路工学では、1車線1時間当たり2,200台と道路の交通容量（何台通せるか）を固定しているので、車速によって道路の交通容量が変化するという概念や表現は存在しないようだ。

従来の道路工法の問題点

1	・交通事故の増加[*]
2	・排ガス・騒音・粉塵・悪臭・振動・熱などエミッションの増加
3	・速度増加による道路や交差点の利用効率[*]の低下
4	・地表面遮蔽による川の洪水ピークの上昇
5	・道路排水による川や地下水の水質汚染
6	・歩行者・自転車・野生動物など弱者への高い危険性
7	・集落など人間の生活圏を分断する
8	・周囲のランドシャフトやエコロジーへの侵害
9	・運転が単調でつまらなく、眠気を誘う

2.3. 原因

問題点が明らかになれば、原因究明が可能だ。

前項問題点の原因

1－3	・道路設計上スピードを出し易い
4－5	・道路排水が直接川へ流入する
6	・異なる利害関係者の葛藤と弱者への無配慮
7	・自動車交通量が異常に増加した
8	・道路機能優先で周囲のランドシャフトやエコロジーへ無配慮
9	・道路機能優先で人間の心理へ無配慮

かつて道路や交差点の設計は、「1台の自動車をいかに速く効率よく走らせるか」を主眼に置いてきた。つまり、「いかにスピードを上げれるか」を考えた。その結果、環境汚染が悪化し、弱者である自転車、歩行者、動物などが被害を受けたばかりではなく、自動車の事故も急増した。事故が多発すると、結果的に迅速な移動も不可能であり、本来の目的を達成できない。

また、道路でも川と同じように、人間の心理や反応など、あいまいな要素を切り捨ててきたように思われる。これが問題を大きくした。

2.4. 解決法

問題点の原因をつぶすのが解決法である。

前項問題点の解決法

1－3	・道路設計上スピードを出し難くする
4－5	・道路排水が直接川へ流入するのを避ける
6	・異なる利害関係者を分離するか、弱者へも配慮する
7	・マイカーから公共交通へ、トラックから鉄道輸送への転換が可能か？ 不可能なら、道路を地下へ通し蓋をするかバイパスさせる
8	・道路機能を大きく損なわない範囲で、周囲のランドシャフトやエコロジーへ配慮する
9	・人間の心理の重要性を認識する

Ⅳ 道路・交通システム計画

2.5. 近自然道路工法の提案

近自然工法の目指す道路の概念

時速60km（一般道路）〜100km（自動車専用道路）のスピードでコンスタントに流れ、それが苦にならず、むしろ運転が楽しいような道路

近自然道路工法

	×		○
	1台の車の移動の迅速性最優先		安全性や環境を最優先 多くの車の移動の迅速性を考慮
	自動車を優先考慮		歩行者・自転車・動物にも配慮 （最良は分離すること）
スピードを出し易い	広い	スピードを出し難い	狭い
	直線		蛇行
	見通しが良い		見通しが悪い
	障害物がない		樹木・島状分離帯など障害物がある
	信号機付交差点		ロータリー式交差点
	直進優先		右左折優先
	夜も明るい		夜は暗い

　近自然の道路造りは近自然の川造りに似た面を持つ。自然の摂理や人間の心理に逆らわないのだ。

　安全性、地球環境、道路や交差点の利用効率、運転の快適さなどを重視した場合、道路や交差点の形は自ずと変わる。幅広い、直線の平面線形*で、障害物がなく、見通しが良い、街路灯で夜も明るい道路に対して、やや狭い、蛇行した、見通しの悪い、夜は暗い、植栽された島状分離帯などがとって代わる。

　そして十字路交差点は植栽されたロータリーとなり、見通しはきかない。さらに、かつては直進優先だった十字路やT字路交差点を右左折優先にする。このため、心理的にスピードを出し難くなり、また低いスピードでも心理的苦痛を感じない。さらに信号機がないために不必要な停止と発進とがなくなり、事故と排気ガスとが減少する。さらには、道路やロータリー内でのスピードが遅いために車間距離が小さくて済み、より多くの車が一度に道路やロータリーを

平面線形（へいめんせんけい）
上から見た道路のライン/ルートのこと

利用することができる。ただし、常時渋滞する道路ではうまく機能しない（写真9-02〜04）。

従来工法の道路

近自然工法の道路

従来工法の道路は、直線で見通しが良く夜も明るいが、**近自然工法の道路**は、蛇行して狭く見通しが悪く夜は暗い。

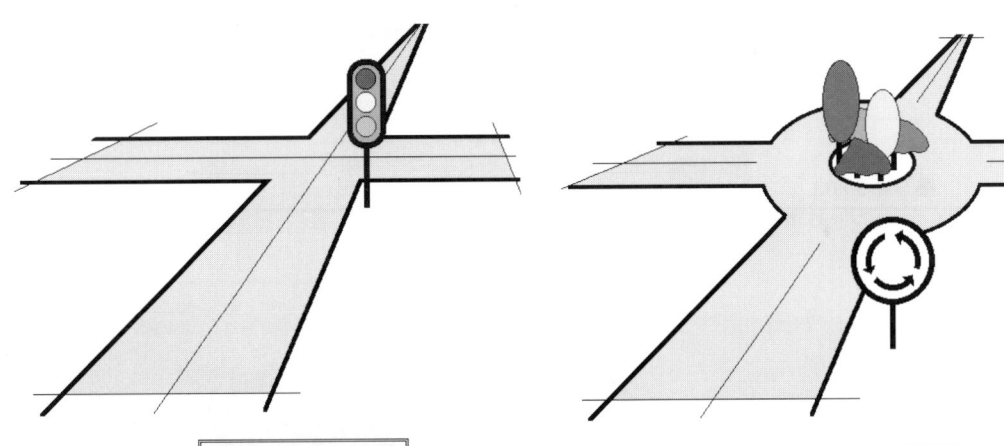

従来工法の十字路

近自然工法の十字路

従来工法の十字路は、信号機があり停止と発進を繰り返す。環境負荷、利用効率、安全性の面から大きな問題を残す。青の側は猛スピードで通り抜けようとし、信号無視による事故では死亡の確率が高い。
近自然工法の十字路は、スピードが落ちると共に、完全停止も不必要。全体のスピードが低いため、車間距離を詰めることが可能。

●写真9-02
■新たなロータリー式交差点／チューリッヒ州

I 道路・交通システム計画

| 従来工法のT字路 | 近自然工法のT字路 |

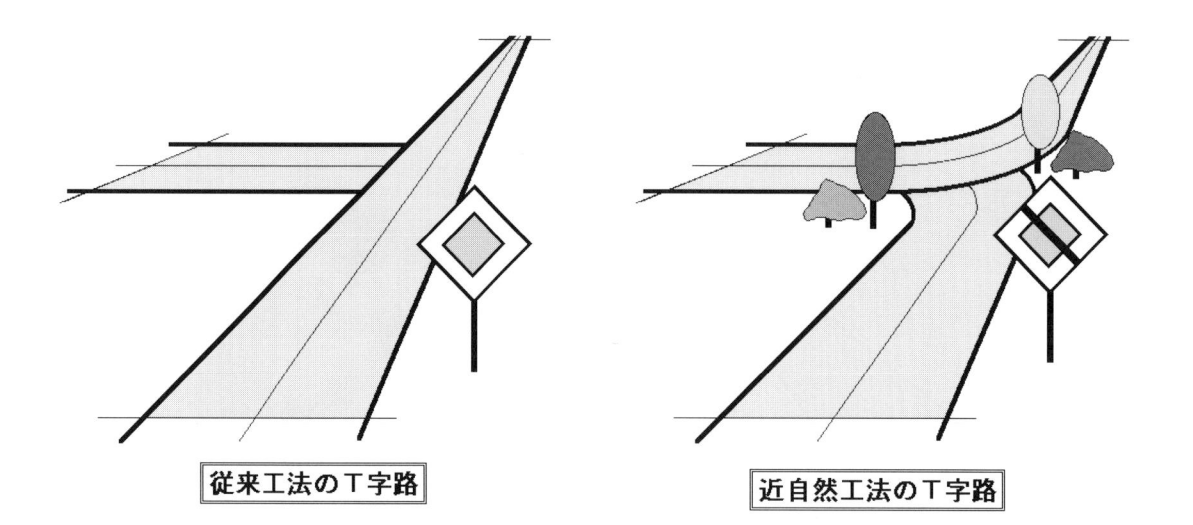

従来工法のT字路は、直進優先で直進側はスピードが上がり、事故の確率と規模も上がる。
近自然工法のT字路は、右左折優先に造り変えるので、全体のスピードが低下するめ、環境負荷が低減し安全性が向上する。

●写真9-03
■新たなT字路／チューリッヒ州

●写真9-04
■新たなT字路／チューリッヒ州
（上と反対側より見る）

追補2　近自然思想の広がり

2.6. 近自然道路工法の具体策

　以下の表は、一例であり、近自然思想を具現化したら何がベストなのか、これからさらに発展させていきたい。

近自然道路工法の具体策1（道路）（写真9-05〜10参照）

道路	・自然にスピードが落ちる配慮：狭い幅員、蛇行した平面線形、植樹などにより見通しが悪い、要所要所に樹木・島状分離帯など障害物を配置し、十字路T字路交差点は右左折優先とし、夜は暗くする
	・集落への入り口や集落内では、ロータリー、島状の中央分離帯、蛇行平面線形などでスピードを自然に落とす
	・横断歩道や左折（日本では右折）車の多い場所では、島状の中央分離帯を設けて幅員を制限し、スピードを自然に落とす
	・スピードが上がりすぎない配慮と共に、信号や横断歩道を避けるなど、スピードが落ちすぎない配慮も必要（平均時速60kmでスムーズに流れるのが、道路の利用効率から理想とされる）
	・交通量の多い大規模な道路は、走行機能ばかりではなく、周囲の村落の生活や自然環境・地形を考慮して平面線形を決定すると共に、景観や騒音の問題から堀込み式とするか両側に土手を築く
	・交通量の多い大規模な道路は、必要があれば蓋をするかトンネル式にして上部の自然環境や生活をできるだけ乱さない。
	・交通量の多くない一般道路は周囲とほぼ平面にし、シカ・イノシシ・キツネ・タヌキなど大型野生動物の横断を妨げない。
	・見通しの悪い場所での停止線は飛び出して引く

■集落の入り口の蛇行と島状中央分離帯／チューリッヒ州（左）
障害物による心理的ブレーキは大変自然で効果的である

■集落内の蛇行させた平面線形／チューリッヒ州（右）
ここは10年前まで直線の線形だった。大型トレーラーの通行が難しく、改修当初は接触事故もあり得るが、逆にそのために大型車の交通量も減少する。

■従来の横断歩道（左）と新たな横断歩道／チューリッヒ州（右）
むき出しの横断歩道は、法的に歩行者優先にしても危険は低下しないが、障害物による心理的効果により、横断歩行者の安全性は向上する。

●写真9-05
●写真9-06 
●写真9-07 
●写真9-08 

道路・交通システム計画

●写真 9-09
■蓋付アウトバーン／ベルン市
道路や鉄道が人間や動物の生活圏を分断することは、ある種の環境破壊である。

●写真 9-10
■飛び出した停止線／チューリッヒ州
一時停止のための停止線は、そこで止まれば左右の確認ができる位置に切るのが合理的だ。

近自然道路工法の具体策 2 （付帯設備）（写真9-11〜16参照）

●写真 9-11
■エコブリッジ上／チューリッヒ州
最近のエコブリッジは幅が広く近自然に造るので、その上に立ってもほとんど分からないほどだ。

●写真 9-12
■エコロード／チューリッヒ州
これはカエルの横断用のもの。対象とする動物により、その造り方が微妙に異なる。

付帯設備	・高速道路や自動車専用道路では人間や動物が入らないようフェンスを設け、野生動物横断用に生態調査から決定した正しい場所に適正規模のエコブリッジ、エコロード（橋やトンネル）を設置する
	・遊水池による川の洪水ピークの低下：大規模な道路建設は広大な地表面を遮蔽して雨水の地下浸透を妨げるため、遊水池などの対策が必要だ
	・浄化槽・浄化池などによる道路排水の浄化：道路排水は重金属・オイル・炭化水素・微粒浮遊物など様々な汚染物質を含み、川の水質汚染を招く。何らかの浄化対策が不可欠だ
	・路側の法面（のりめん）を緑化する場合には、自然の雑木林や貧栄養草原（無施肥、無腐植土）にし、園芸植物などを植えない
	・ガードレールの末端は、衝突時の安全性確保のため必ず地中へ埋没させる
	・夜間の街路灯はスピード上昇を招き、夜行性昆虫などの生態を撹乱するので、横断歩道周辺など安全性確保に必要な場合以外、無闇に設置・点灯しない
	・排ガスの拡散を減少させ、ランドシャフト侵害を弱める（周囲からの目隠し）ため、路側に樹林帯を設ける
	・野生動物の習性を正しく利用した事故防止策をとる
	・交通量の多い道路が市街地や集落の近くを通る場合は、緑化防音壁を立てる
	・駐車場は基本的に緑化し、雨水の地下浸透を助ける。できれば在来種の広葉樹を植え、夏場大きな日陰を作る。都市の「ヒート・アイランド現象」を抑制するのに効果がある上、自動車利用者にも快適
	・専用レーン設けるなどして、市電・バスなど公共交通優先の徹底化を図る

| 従来工法の高速道路 | エコブリッジ
近自然工法の高速道路 |

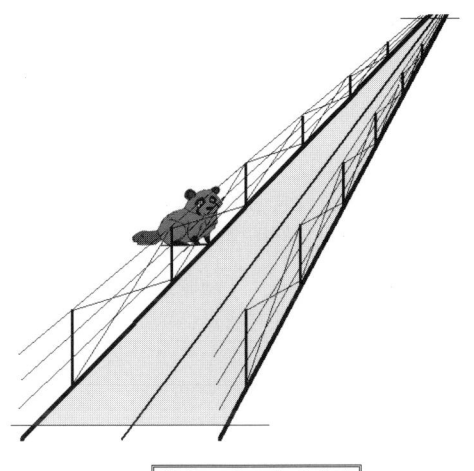

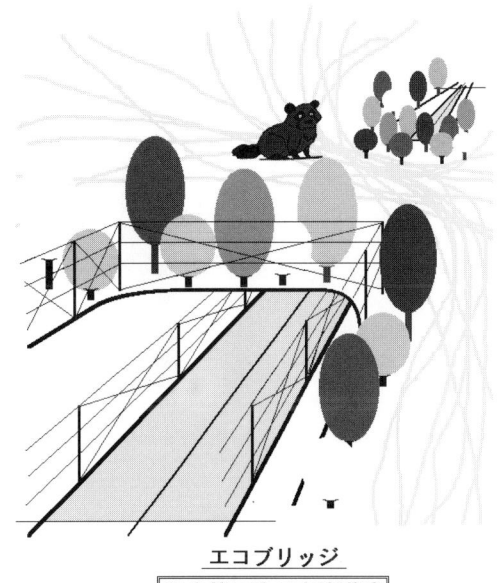

本当の橋のような狭いエコブリッジは効果が薄いので造られなくなった。動物のためのエコブリッジはしっかりした生態調査に基づいて位置や規模を決めなければならない。

●写真9-13
■ビュシゼー遊水池
アウトバーン建設により広い地表面が遮蔽され、川の洪水ピークが高まる。従来は川の改修で対処していたが、ここでは、近自然遊水池の建設により、河川改修の必要性がなくなった。エコロジーや親水性への貢献と同時に、土地や建設費の節約にもなった。

●写真9-14
■遊水浄化池／クレープスバッハ川
道路排水には様々な汚染物質が混入する。放流先の水質を考慮した場合、その浄化は重要課題だ。写真は沈殿、水草による吸収、礫間浄化を同時に実現した「コンビ浄化法」の事例。

●写真9-15
■先端が地中へ没したガードレール／チューリッヒ州
ガードレールの先端は自動車などが衝突した場合、凶器と化す。

●写真9-16
■野生動物対策
トンネルなどエコロードが造れない場合、カエルの道路横断をフェンスで防ぎ、手で集めて反対側へ運ぶ。

IV 道路・交通システム計画

近自然道路工法の具体策 3（周辺）（写真 9-17～21 参照）

周辺	・サイクリング・ロードは遊歩道や自動車道から分離し、路側か別個に設置する
	・自然保護またはそれに準ずる地域では、道路建設を最小限に止め、影響の少ない場所に駐車を指定して、自然への侵害を最小限に食い止める（人間の利用する場所を一個所にかためる）
	・景色の素晴らしい所には、自然や景観を妨げないように遊歩道や展望台・ベンチなどを造る（これにより、人間が美しい自然や景観を享受しながら、無闇に自然の中へ侵入できない）
	・遊歩道はできるだけ舗装せず、両側のエコシステム（生態系）の分断を避け、同時に透水性をも確保する

●写真 9-17　　　　　　　　　　　　●写真 9-18
■サイクリング・ロード 2 例／チューリッヒ州（左）、バイエルン州（右）
サイクリング・ロードは自動車道から分離し、できれば歩道からも分けたい。

●写真 9-19　　●写真 9-20　　　　　　　　●写真 9-21
■非舗装遊歩道　森林内／チューリッヒ州（左）、都市内（中）／チューリッヒ市、飛び石（右）／チューリッヒ州
地表面を遮蔽する舗装はできるだけ避けたい。都市内では、石畳にしたり、土に石灰を混ぜたり、飛び石にして雨でもぬからないよう配慮する。

追補 2 ｜ 近自然思想の広がり

V 近自然農業（有機農法／非集約農法）
環境への負荷をかけない農法

　食物は我々の生命維持に不可欠であり、農業は国の基盤として欠かす事のできないものである。
　また、その広大な面積故に、健全な農業の営みはランドシャフト保護やエコシステム保護の面からも、大変重要なものとなる。

農業の重要性

生命維持	国・地球・生命の基盤
近自然化	エコシステムやランドシャフト保護のカギを握る

　食料の自給は、凶作や飢饉に対する安全性から見ても重要なテーマだ。ここでは、地域の分散と作物の多様性とが重要であり、その対極の、ある特定地域のみでの単一作物・大規模生産はリスクが大変大きい。一カ所に集中している農産物は、病害虫や自然災害の影響を受けやすい事が知られている。

農業のリスク

	×	○
地域	集中	分散
作物	単一大規模	多様
農法	集約	有機
エネルギー依存	石油エネルギー	太陽エネルギー

　また、いわゆる害虫や雑草に対する農薬の投入は、天敵をも根絶し生態バランスを崩す。そして、肝心の「害虫や雑草」は10年を経ずして農薬に対する耐性を持つことが分かっている。現在では、DDTに真っ白にまぶされても死なないハエが存在するほどだ。さらには、高等動物（人間も）やエコピラミッドの上位（トラ、クジラ、タカなど食肉獣、猛禽鳥類）ほど適応し難く、農薬などの体内蓄積の影響が大きい。

動植物の耐性.

耐性害虫	7種 (1930年)	→	450種 (1990年)
耐性雑草	0種 (1970年)	→	50種 (1990年)

(資料：FAO 国連食料農業機関)

　さらに言えば、肥沃な土地の農地を潰して宅地や工場にするのは、地球規模から見ればたいへんな罪悪だ。痩せた土地での耕作は集約化が不可欠であり、これは大量の石油エネルギー（特に大型マシーン・合成肥料・農薬・潅漑用水など、つまり石油エネルギー）の集中投入を成立条件とし、地球規模の飢餓・貧困化・環境破壊・森林乱伐などの大きな要因となっている。

1．共生思想と農業（持続可能な農業）

　自然と人との共生とは、地球の持続利用だ。
　現在の集約農業は、合成肥料、農薬、大型トラクター、温室暖房・照明、トラック輸送など価格の低い大量の石油を消費して成立している。生産された農作物の持つエネルギー（カロリー）の多くが石油など資源/化石エネルギーの変換されたものとなる。つまり、我々は石油を食べているのだ。
　ここでも、石油など「資源/化石エネルギー」から太陽エネルギーなど「再生/循環エネルギー」への転換が急務である。

　自然との共生を目指したエコロジカルな農業は、故に、農産物の太陽エネルギー化を図る。具体的には、次の表に掲げた事項の徹底化を目指すのが理想となる。

×	○
季節外れ	季節物
遠距離輸送	産地近郊消費
集約農法	有機農法
加工・冷凍	無加工

2. スイスにおける農業と補助金

自然条件の厳しい、そして人件費の高いスイスでは、現在、日本と並んで世界で最も農業補助金の高い国*であり、そうしなければ自国の農業を維持できない。

従来は補助金が生産高に対して交付されていた。そのため、農家は増収を目指して、無理をしても生産高を上げるために、多量の農薬散布や合成肥料の投入、さらには大型マシーンの導入を繰り返してきたのだ。この農業の集約化が、環境への負荷ばかりではなく田園部でのランドシャフトの貧困化や種の多様性の低下を招いた。

農業補助金の高い国
スイスでは農産物価格の実に77%を、日本では70%を補助金が占める。ちなみに、アメリカは23%、オーストラリアは9%。

3. 農業補助金に対する国外からの批判とスイス農業の体質改善

生産量拡大を促進する従来のスイスの補助金システムに対して、GATT／WTO*やEU*、アメリカ合衆国などが攻撃を加え、市場の開放と同一条件での国際競争とを強く求めている。

この外圧が地球環境への配慮から来たものではないことは明らかだが、スイスはこれを農業における体質改善の好機と捉え、従来の生産量に対する補助金から、作付け面積に対するものへ変えた。これにより、生産量を増やす努力より、質の高い（従って販売価格の高い）農産物の生産がより農家にとって魅力的となった。つまり、農業における「量から質への転換」である。

GATT／WTO
関税と貿易に関する一般協定と、世界貿易機構のこと

EU
1993年に実現した、統合ヨーロッパ共同体（統合EC）のことで、EC内の関税撤廃、統一通貨など経済的統一と経済競争力の強化が主目的。
北米を抜いて、世界最大の市場となった。
スイスはEUにも国連にも不参加。

4. 農業と環境負荷

農業（特に集約農業）は色々な意味で環境に負荷を与えることが知られている。スイス連邦政府のデータの一部を次頁の表にに示す。

V　近自然農業（有機農法／非集約農法）

集約農業と環境負荷

問題点	農業の占める割合	原因
土壌流失	大変高い	裸地の増加
土壌汚染	50～86%	輸入飼料、農薬、合成肥料
土壌凝固	約70,000ha	大型重量マシーン
地下水汚染	60～77%	裸地での雨水地下浸透 過剰肥料
種の絶滅	不明(ドイツ:60%)	近自然立地の消滅 農薬散布
地球温暖化	笑気ガス N_2O： 50%	硝酸の分解
地球温暖化	メタンガス CH_4：69%	牛など反芻動物の消化発酵
地球温暖化	炭酸ガス CO_2： 3%	燃焼
河川湖沼の富栄養化	リン酸塩 PO_4： 16%	過剰家畜数 過剰肥料
河川湖沼の富栄養化	硝酸 NH_3： 89%	同上
土壌酸性化	硝酸 NH_3： 89%	合成肥料

（資料：スイス連邦　環境・交通・エネルギー・コミュニケーション省　環境・森林・ランドシャフト局）

5．環境負荷に対する解決策：有機農法／非集約農法

　上記の表のような各環境負荷を軽減するための、スイス連邦　環境・森林・ランドシャフト局の提案は以下のとおりである。

・裸地を作らない
・農薬を散布しない
・合成肥料を使用しない
・肥料をやりすぎない（有機肥料でも）
・大型重量マシーンを使用しない
・ヤブや小川など農地以外の要素を撤去しない
・農地縁に近自然バッファーゾーン（緩衝帯）を設定する
・単位面積当たりの家畜の保有数を低く保つ（理想は、牛1頭/ha）

　これらは正に近自然農法（有機農法/非集約農法）に相当し、従来の大規模単一作物機械化農法・集約農法からの決別を意味する。また近自然農法の方が、農家や国にとって費用がかからず、単位面積

当たりの収穫量も多いという調査結果もある（リオ環境サミットのデータによる）。

6．有機農産物への需要の高まり

　有機農法による農産物は、従来農法によるそれに比較して不揃いで、見た目は悪くしかも少々高価である。また、新鮮さが求められるため、従来の流通経路に乗りにくい。にもかかわらず、スイス、ドイツを初めとしたヨーロッパの消費者は、安全で美味しく遺伝子操作のない有機農法による農産物を年々より多く求めている。現状では、完全な品不足となっている。

7．有機農家は高収入

　スイスでは、有機農産物の需要に対して供給が追い付かない。生産したものは確実に売り切れてしまう。しかも、消費者への直売方式も試みられており、消費者にとってばかりではなく農家にとっても有利である。

　また、環境への負荷が軽減され総生産量も抑えられるため、各種の補助金の率も高くなる。

　したがって、有機農家は従来農法の農家に比較して高収入でもある。

8．レフォルムハウス

　この農業従事者と消費者との新たな動きをバックアップしているのが、1930年代に始まったレフォルムハウス（英語的に言えばリフォームハウス：改革の家）と呼ばれる大小様々な販売店である。ここでは、食品、衣料、薬品、化粧品、洗剤、雑貨、書籍、など自然製品や健康製品を扱う。価格は農薬や添加物を使った一般製品より、平均約10～20％ほど高いが、ここで購入する限り無農薬、無添加物、さらには非遺伝子操作が保証されるため大変繁盛している。

　また、スイスの大手スーパーのひとつであるコープ(Co-op)の顧客調査では、「約20％の消費者が価格のやや高い有機農産物を買う用

意がある…」との事で、最近では店内に有機農法や自然食品のコーナーを設けて、さらに大々的なエコ・キャンペーンも行っている。

このコープ・チェーンがエコ政策により販売量を大々的に伸ばして大成功を収めたため、スイス最大のスーパーであるミグロスなど他のスーパー・チェーンも追従をせざるを得ない状況となった。

9．ルドルフ・シュタイナー (1861〜1925)

アントロポゾフィー（人智学：神智学に対する）の創始者でスイス人/オーストリア人の自然科学者・哲学者であるルドルフ・シュタイナーは、建築・農業・教育・哲学・歴史・神学・ゲーテ学・芸術（舞踊・演劇・文学・絵画・彫刻）など様々な分野で偉大な業績を残した。

この中で、建築や農業の分野は現在の建築生物学・建築生態学や近自然農法にも相当し、見方によってはさらに進んでいるとも言える。

彼の思想の影響は、その後継者達の努力にもより、スイス・ドイツ・オーストリアに根強く存在しており、これが現在の近自然工法の広がりの一つの背景とも理解し得る。

10．パーマカルチャー

普通、農業や都市生活は外部から食物・物質・エネルギーを導入する形で維持される。そしてその際に大きなロスを生じ、環境に多大な負荷をかけている。これを、家庭や村など、ある閉じた系内で食物連鎖・物質再利用・エネルギー循環を実現することにより、エコロジカル（生態的）でエコノミカル（経済的）な運営を目指す。

70年代にオーストラリアのビル・モリスンとデイヴィッド・ホルムグレーンとによって始められたとされており、当初は「パーマネント・アグリカルチャー」と称していた。農業経営から発展し、現在では都市生活へも応用されている。

将来が大変有望な考え方である。

おわりに

　ここ20数年、近自然河川工法はスイスのチューリッヒ州、ドイツのバイエルン州を中心にしてかなりの実績を積んできた、と評価することもできる。しかし、これをライフワークとして推進している人々は、全体から見ればまだまだ少数派でしかない。時代が彼等の後押しをしているのだ。チューリッヒ州の例を見るまでもなく、コンクリートや石積み三面張りや二面張りを強力に推進してきた世代が、いまだに同じ職場に在職している状況である。

　川の近自然化とは、彼らの過去の業績を新しい近自然思想によって造り変える（彼らの側からは破壊する！）ことでもあり、職場の人間関係の面からも難しい問題をはらんでいる。ただし、古い世代の中にも近自然工法を支持する人々が多く存在するし、何より、自然科学関係者（生物学・生態学など）、NGO関係者（自然保護・エコシステム保護・ランドシャフト保護・環境保護など）、漁業関係者はもとより、政治家や一般市民をも含めて確実にその賛同者を増やしている。そしてその輪は、今や国境を越えて世界へ広がっている。近自然思想の本質を知った上で反対意見を唱える人は、実際問題、皆無である。

　いわば時代の潮流とも言うべきこの流れを、誰も止めることができないだろう。

　我々20世紀に生を受けた者がなし遂げた、目覚ましい科学技術の進歩と物質的豊かさとは、驚嘆と賞賛とに値する。しかし、それと引き替えに、我々は地球と人類の歴史とに憂うべき汚点を残した。

　二度の世界大戦を含めた多くの戦争（第二次世界大戦後だけで200以上の局地戦争を全世界で数える！）、大量虐殺、環境（大気・海洋・土壌）汚染、異常気象、酸性雨、オゾン・ホール、砂漠化現象、熱帯雨林の乱伐、大量の動植物種の絶滅、新しい難病・奇病・アレルギーの多発、精神的荒廃、漁業資源の乱獲と枯渇、地下資源の浪費と枯渇、大量廃棄物の山、などなど…。

　その物質的・精神的ツケは、未来の地球と我々の子孫（特に次世代と次々世代）とが、直接的・間接的に支払わなければならない。

ドイツの環境問題の専門家の試算によると、
「環境汚染による犠牲者総数は、過去二度の世界大戦での総計を上回り、しかもそのほとんどはまだ生まれていないか、現在開発途上国に生きている…」
ということだ。このような現実は、我々の胸を締め付ける。

英国の科学者ジェイムズ・ラヴロックの「地球ガイア仮説」を待たずとも、地球は一つの生命体または生命共同体だ。従って、人類はそこに共生している一生物にすぎない。近自然工法はその生命体/生命共同体の健全化を目指している。つまり、他の様々な環境問題を解決せずに川だけをきれいにしても、意味がない。また、スイスだけが、ヨーロッパだけが美しくなっても、それは虚しい。すべての環境問題を解決し、地球と人類を含めた全生物が美しく健康になってこそ、本当の意味がある。

環境問題に関して、すでに手遅れであり何をしても「焼け石に水」だと主張する研究者も存在する。
しかし、たとえ「焼け石に水」ではあっても、一滴でも多くの水を、今、その焼け石の上にかけておきたい…

本書『近自然工学』は、10年以上アイデア温め、5年来書き直しを繰り返してきた原稿だが、間違いを公表することを恐れるあまり、なかなか出版に踏み切れずにいた。

私の考え違い、さらには異論もあるかと思う。是非、ご指摘、ご意見、ご感想などご一報いただきたい。
私自身、勉強をし続け、定期的に内容のアップデートを行いたいと考えている。

地球環境の問題に私自身深い関心を抱いているので、近自然河川工法に対して自分なりのアプローチをしているとの自負も多少は持っている。しかしながら、実を言うと、私は門前の小僧のようなものだ。つまり、習わぬ経（近自然河川工法という、ありがたいお経）

おわりに

を読んでいるのだ。

　ここまで来るのに、一体どれほど多くの人々の教えを受けたことだろう。また、多くの人々や組織から、情報・データ・写真などの資料提供を受けた。そのすべての方々の名前をここに記すことは物理的に不可能だ（提供を受けた資料や写真はその出所を明記した）。

　日本人では、まず福留脩文・麒六両氏。片や高知、片やチューリッヒ在住ながら、その無私の生き様を通して、「この世に如何に生きるべきか？」という、強い精神的インパクトを受けた。本心から自分もあのように生きたい（できはしないことは分かっているが…）、と思った。
　そして、応用生態学の権威である桜井善雄信州大学名誉教授。その深い専門知識とジェネラリストとしての広い理解、さらに献身的で精力的な活動には本当に胸を打たれた。1991年以来、今だに有形無形の教えを受け続けている。

　ヨーロッパ人では、クリスティアン・ゲルディー、フリッツ・コンラディン、ヴァルター・ビンダー、アルント・ボック、4氏の名前を外すことはできない。彼等からは、近自然河川工法の実践を学んだ。その素晴らしい事例群（芸術作品と呼びたい）を、一体何度反復して見、そしてその説明を何度反復して聞いたことだろう。当初はそれらが当たり前と思っていたが、実は、造り手により川の仕上がりに大きな差があることが、次第に分かった。彼等の作品は群を抜いて素晴らしいのだ。しかも、最近のものほど良い。つまり、研鑽を怠らず、さらに進歩しているわけだ。

　これだけ多くの良い事例を繰り返し繰り返し見ることができて、幸せだった。近自然の川は、天候や季節や年により見る度に表情を変え、何度繰り替えし見ても飽きることを知らない。

　ヨーロッパの伝統的宝石鑑定士は、子供の頃から第一級の宝石だけを見せられて育つと言う。そうすると、真偽が自ずから分かるのだ。私は、元々電気工学の技術研究者なので、川は自然・近自然河川しか知らない。宝石鑑定士の例からすると、もしかしたら本物の

近自然河川鑑定士になれるのではないか… というのは冗談だが、おかしな川を見ると目や心が痛いのも事実である。

　その他、名前を上げることができないほど多くの方々と知り合い、教えを受けた。それらすべての方々に共通しているのは、その人間的な素晴らしさであろう。

　プライベートな面からも、家族や友人を初めとして、これまた多くの精神的・物質的援助を受けた。特に、早稲田大学名誉教授　故山崎秀夫氏には、具体的なアドバイスを含めて、計り知れない精神的・知的バックアップを受けた。

　また、土木工学の専門用語に関しては、北海道技術官吏である山廣孝之氏、北海学園大学工学部教授堂柿栄輔氏、他多くの方々にお教えいただいた。

　ここですべての皆様に、心よりの深謝を捧げたい。また、この文章をお読みくださった忍耐強い読者の皆様にも、お礼申し上げる。さらに、膨大な文章・グラフィック作成と整理とをサポートしてくれ、疲れた時には一緒に遊んでくれたマック（コンピューター）にも…。

　　　　　　　　　　　　　　　(チューリッヒ、2000年1月　山脇正俊)

引用・参考文献

- 「西暦2000年の地球（日本語版）」
  アメリカ環境問題諮問委員会・国務省1980年、（財）日本生産性本部
- 「リオ環境サミット報告書（ドイツ語版）」1992年
- 「FAKTOR 4、ローマクラブ新報告書（ドイツ語版）」1995年
- 「地球環境報告」石弘之、1988年、岩波新書
- 「メス化する自然（日本語版）」デボラ・キャドバリー、1998年、集英社
- 「Mehr Natur in Siedlung und Landschaft」チューリッヒ州建設局、1985年
- 「まちと水辺に豊かな自然を/多自然型建設工法の理念と実際」（財）リバーフロント整備センター編、
  1990年、山海堂（上記日本語訳）
- 「スイスの近自然河川工法/クリスティアン・ゲルディー氏の講演より」
  クリスティアン・ゲルディー著、山脇正俊訳、1988年、近自然河川工法研究会
- 「近自然河川工法/生命系の土木建設技術を求めて」
  クリスティアン・ゲルディー、福留脩文共著、山脇正俊訳、1990年、近自然河川工法研究会
- 「Flüsse und Bäche」バイエルン州内務省水利局1990年
- 「河川と小川/保全・開発・整備」
  勝野武彦・福留脩文監、1992年、西日本科学技術研究所（上記日本語訳）
- 「水辺の環境学/生きものとの共存」桜井善雄、1991年、新日本出版社
- 「欧州水辺空間整備事情視察報告書」1991年、（財）リバーフロント整備センター
- 「欧州ダム湖環境デザイン調査団報告書」1991年、（財）ダム水源地環境整備センター
- 「ジードルングとランドシャフトにより多くの自然を/1991年国際水辺環境フォーラムより」
  ゲルディー、コンラディン、ビンダー、ニーフェアゲルト、ヴァイス、ブロッチ共著、
  山脇正俊訳、福留脩文監修、1992年、近自然河川工法研究会
- 「かわづくり国際シンポジウム報告書/未来元年、ふるさとのかわに思いをよせて」
  コンラディン、ニキティン、ヒルト、松田芳夫、福留脩文、池谷奉文、他講演、
  山脇正俊訳、1993年、北九州市
- 「欧州の生態環境」1993年、（財）ダム水源地環境整備センター
- 「近自然工法の思想と技術/人と自然にやさしい地域づくりのコンセプト」
  ハーグマン、エバーハルト、ホップラー、シュトッカー、ヴァイス、エプレッヒト、ルビーニ著、
  山脇正俊訳、福留脩文監修、1994年、近自然河川工法研究会
- 「ヨーロッパ近自然紀行/スイス・ドイツの川づくりを訪ねて」新見幾男、1994年、風媒社
- 「ヨーロッパの水辺生態系の保全」1994年、（財）ダム水源地環境整備センター
- 「続・水辺の環境学/再生への道をさぐる」桜井善雄、1994年、新日本出版社
- 「ビオトープネットワーク/都市・農村・自然の新秩序」日本生態系保護協会、1994年、ぎょうせい
- 「ヨーロッパの水辺生態系の保全」1995年、（財）ダム水源地環境整備センター
- 「ウェットランドの自然」角野康郎・遊磨正秀、1995年、保育社
- 「ヨーロッパの水辺生態系の保全」1996年、（財）ダム水源地環境整備センター
- 「まちと水辺に豊かな自然をⅢ - 多自然型川づくりの取り組みとポイント」
  （財）リバーフロント整備センター編著、1996年、（財）リバーフロント整備センター
- 「水辺林の保全と再生に向けて」中村太士・他、1997年、日本林業調査会
- 「欧州近自然河川工法を学ぶ」伊藤信行、1997年、山口県河川課治水係

- ■「欧州応用生態工学調査報告書」1997年、(財) ダム水源地環境整備センター
- ■「欧州中小都市まちづくり調査団海外研修報告書」1997年、(財) 北海道建設技術センター
- ■「水辺の環境学3/生きものの水辺」桜井善雄、1998年、新日本出版社
- ■「欧州環境共生先進地視察エコ・ツアー報告書」1998年、環境共生まちづくりの会
- ■「欧州中小都市まちづくり調査団海外研修報告書」1998年、(財) 北海道建設技術センター
- ■「欧州中小都市まちづくり調査団海外研修報告書」1999年、(財) 北海道建設技術センター
- ■「流域一貫/森と川と人のつながりを求めて」中村太士、1999年、築地書館
- ■「人間生活とエネルギー」押田勇、1985年、岩波新書
- ■「第三の波（日本語版）」アルビン・トフラー、1985年、日本放送出版協会
- ■「欧州応用生態工学調査報告書」中村太士、1997年、(財) ダム水源地環境整備センター
- ■「スイスの空間計画」木下勇、他、1998年、(財) 農村開発企画委員会
- ■「宇宙からの帰還」立花隆、1985年、中央公論社
- ■「日本を救う最後の選択/豊かな自然を取り戻すための新提言」
  日本生態系保護協会編、1992年、情報センター出版局
- ■「水制の理論と計算 - 近自然河川工法の発想を助けるために」
  イヴァン・ニキティン、福留脩文・山脇正俊訳、1994年、信山社サイテック
- ■「住民参加により自然林再生法/生態学的混播法の理論と実践」
  岡村俊邦、1998年、(財) 石狩川振興財団
- ■「Cartoon GOMIC Part1, 2」Takatsuki Hiroshi、1987年、Japan Environmental Exchange
- ■「魚たちの話」妹尾優二、1999年、(株) エコテック

《さくいん》

Close Natur Rive Construction　2
EU　197
GATT　197
Naturnaher Wasserbau　2
Near Natural River Construction　2
NGO　127
NPO　127
WTO　197

【あ行】
アウトバーン　31, ,58, 161, 185
浅い高水敷　100
安全洪水基準レベル図　86
1%以上の河床勾配　90
インジケーター　110, 176
インターフロー　25, 83
ヴァルター・ビンダー　129
ヴァレンゼー湖畔　185
ヴィジョン　81
エコヴィレッジ　144
エコシステム　3, 12, 19, 24, 48, 50, 53, 60, 71, 81
エコネットワーク　52, 54
エコバランス　52, 182
エコピラミッド　52, 110, 120, 176, 195
エコプランニング　144, 185
エコブリッジ　52, 53, 54, 55, 56, 192
エコホテル　144
エコロード　54, 192, 193
越堤の洪水　167
越流上向水制　89
越流堤　39, 87, 161
エネルギー・スパイラル　50
エネルギー・ベクトル　88
エミッション　113, 181, 186
エンジニアバイオロジー　99, 146
オーバー・デコレイト　69
オーバー・プロテクト　69
横断面積　30, 71, 88, 136
帯工　92

【か行】
回遊　24, 171
拡散性汚染源　42, 43
河床勾配　90, 93, 95, 101, 122
河床沈下　134, 136
カスケード・ランプ　90, 101
河積　30, 71, 96, 118, 120, 122, 123, 136, 160, 171

化石エネルギー　10, 182, 184
化石・資源エネルギー　11, 196
河川維持管理　30, 40, 52, 118, 120
河川維持マニュアル　120
河川エコシステム　3, 19, 49, 92
河川エコピラミッド　176
河川設計原則　73
河川内構造物　118
過渡領域　20, 22, 33, 46, 52, 64, 119
カナダポプラ　123
河畔　25, 40, 48, 52, 55, 62, 74, 119, 120, 166
河畔林　25, 39, 51, 64, 84, 121, 123, 163, 171
空石積み　4, 69, 88, 101, 102, 104, 181, 184, 197
空石積み水制　4, 12, 20, 89
カワウ（川鵜）　51
川のピーク　10, 16, 166
環境アセスメント法　55, 82, 113, 143
環境破壊　15, 55, 56, 138, 145, 147, 149, 196
環境負荷　11, 67, 72, 102, 104, 181, 184, 197, 198
冠水域　19, 30, 39, 64, 163, 167, 171
冠水域の確保　29, 139, 163, 171
貴重種　26, 36, 52, 50, 83, 158, 173
共生思想　196
近自然工法エキスパート　129
近自然工法ワークショップ　129, 143
近自然農業　144, 195
近自然林業　10, 144
近自然領域　32, 33, 34, 54, 55, 139
空間計画　31, 67, 163, 180
グラット川　68
クリスティアン・ゲルディー　129
景観工学　13, 79, 130, 131
景観工学家　79, 80, 105, 106, 128, 141, 147, 153, 172
ゲルマン民族の自然観　146
建築生態学　14, 144, 182, 200
建築生物学　14, 144, 182, 200
剛構造体　20
抗告権　31, 114, 148
抗告権保有団体　149
高コストの三悪　69
洪水危険ゾーンの規定図　口絵Ⅳ
洪水対策　10, 15, 24, 27, 29, 35, 41, 68, 79, 92, 160, 166
高木果樹　64, 138, 161
合流式下水道システム　38, 44, 168
コストの原則　71
ゴミ処理　182, 183, 184
コリドール　54, 122

コンビ材　99, 101, 174
コンポスト　120

【さ行】

再活性化　75
再自然化　75
再生・循環エネルギー　11
サクセッション　12
桜堤　20
三面張り　136, 155
ジードルング　32
ジェネラリスト（普遍家）　79, 128, 153
事前調査　82
自然食品　144
自然流量 Q_{347}　59
自然領域　139
持続可能な農業　196
漆喰　37
質的保護　42
蛇篭　101
舟運　92
柔構造体　20
住宅地型　104
集中性汚染源　42
12時5分前　9
住民投票　126
集約農業　33
重力加速度　93
受益者負担原則　34
ショート・ターム　69
植生護岸　155
シルト　123
新河川法　141
浸食　93
浸食傾向　94
浸食堆積洪水　134
浸食直壁　22
親水性　27
森林型　104
森林を伐採　16
水衝部　89
スイス・ランドシャフト基金　127
スイス・レッドリスト　139
スイス連邦立チューリッヒ工科大学　130
水制　89
水文学　13
水力学　13
スペシャリスト（専門家）　79
精神衛生　48
生態学家　81, 156, 172

生態学的事後調査　109
生態バランス　52, 82, 120, 195
生物材　99
堰　84
石油エネルギー　10
設計のマニュアル化　174
絶滅危惧種　139
剪定　118
ゾーニング　30
造形目標像　103
草原・農地型　104
掃流土砂　19
掃流土砂の流下バランス　92
掃流力　93, 136
掃流臨界値　93
遡上　24, 90
粗朶　99
粗度　99

【た行】

対象別保護目標　29, 86
堆積　93
堆積傾向　94
ダイナミクス　12, 25, 46, 83, 134
太陽エネルギー　10
多自然型川づくり　3
縦工　92
脱窒　44
脱リン　44
地下水位　16, 92, 98, 136
地球の水循環　12, 16, 19
地形地質　80
窒素系汚染物質　43
チューリッヒ湖　166
直接民主制　148
潮汐　11
定期的伐採　121
低水路　84
低水路岸　123
低水路岸低木　122
堤防のかさ上げ　161
出来高払い　116
ドイツトウヒ　123
トゥール川　68
特殊多層砂フィルタリング　44
床止め　101
都市計画　180
土砂供給量　93
土木技術者　79
土木工学家　79

さくいん
208

土木工学　13
止め石積み護岸　4

【な行】
二次林　34
ニセアカシア　123
日欧近自然河川工法研究会　2
練石積み　90, 101
法面　13

【は行】
ハード材　101
バーデン＝ヴュルテンベルグ州　143
パーマカルチャー　144, 200
パイオニア植物　119
バイオマス　10
ハザード・マップ　34
バッファーゾーン　33, 45
ハビタート　20, 25, 47, 49, 66, 89, 119
阪神淡路大震災　165
ピーク水位　135
ピーク値　35
ビオトープ　56
非集約農法　198
100年確率　101
100年確率の洪水　23
表土凍結時　166
貧栄養性草原　64
フィックス・ポイント　89
深い低水路　100
伏流水　25
複断面を持つ川　89
布団篭　101
プロメナード　166
分流化　168
分流式下水道システム　38, 44
ペーター・ユルギング　143
平面線形　188
ベントス　24
ボーデン湖　166
ホタル護岸　20
堀型の小川　104
掘り込み河川　136

【ま行】
マクロ・エコシステム　9
マクロコスモス　26
マスタープラン　31
マルチング　99
ミクロコスモス　26

水裏　4
水循環阻害　19
水辺林　123
ミティゲーション　15, 55, 58, 113, 158, 170, 180, 184
無施肥草原　54
木工沈床　101
モルフォロジー　20, 25, 46, 82, 86, 102, 170, 172

【や行】
ヤナギ　99
有機農法　198
遊水域　19
遊水池　38
融雪増水　166
擁壁　37

【ら行】
ライン河　163
ライフライン　32
落差工　84, 90, 93, 136
ランドシャフト　27, 31, 40, 46, 52, 56, 59, 62, 65, 80, 193
ランプ工　90
リカバリー　84
陸移行帯　22
リブ構造　88
柳枝工　4
流心　88
流線　87
流体力学　13
量的保護　42
利用効率　186
林縁　119
リン系汚染物質　43
ルドルフ・シュタイナー　200
礫洲　67
レストウォーター　42, 59
レッドリスト　139
レフォルムハウス　199
連関　24
連邦UVP法　55
ローテク・インターフェイス　106
ローテク　154
ローヌ河　166
ロイス川大洪水　160

【わ行】
ワインディング　105
割石　88
ワンド　89

【著者紹介】
山脇正俊
Masatoshi Yamawaki-Jaggi
近自然工法アドバイザー／近自然河川工法研究会
電気工学修士

Poststrasse 12, CH-8713 Uerikon/Zürich, Switzerland
Tel/Fax: +41-1-926 37 60,
E-mail : masayama@aol.com

【プロフィール】
1950年、高知県生まれ。1978年、早稲田大学大学院理工学研究科後期博士課程でスイス連邦立チューリッヒ工科大学高電圧研究室へ客員研究員として2年間招かれる。武道（空手道、居合道、合気道、太極拳）の集中的な稽古を通じて心境の変化を得、博士号取得直前で人生の方向転換を図る。
1983年より近自然河川工法へ関わり、現在、同工法やその背景にある近自然思想の研究をライフワークとする。
近自然思想・近自然工法の啓蒙普及を目的としたシンポジウム・技術セミナーの企画や、スイス・ドイツへの訪問視察をコーディネートする。日本の専門家のスイス・ドイツにおけるレクチャーや現場案内は、年間数百名にのぼる。
日・独・スイスの官学民の主要なオピニオン・リーダーを集めた近自然河川工法研究会（河川改修、下水道、交通計画、都市計画、プランニング、生態学、自然保護、他）において欧州事務局を務め、専門家間のパイプ役を引き受けている。また、チューリッヒ州建設局より近自然工法技術アドバイザーとして指名され、特に近自然河川工法の理念面の研究と支援を受け持つ。
さらに、スイス連邦工科大学・チューリッヒ州立総合大学講師として合気道を学生・卒業生に教えると同時に、クリスティアン・ゲルディー（チューリッヒ州建設局高級技術官吏で1970年代後半に近自然河川工法を自ら考案実践し始めた先駆者で、日本の「多自然型川づくり」の生みの親）をバックアップし、次世代へのメッセージの伝達、環境意識の改革に努める。

近自然工学 〜新しい川・道・まちづくり〜

2000年（平成12年）3月30日　　　　第1版1刷発行

著　者　　山脇正俊
発行者　　今井　貴・四戸孝治・堀内正樹
発行所　　信山社サイテック
　　　　　〒113-0033　東京都文京区本郷6－2－10
　　　　　TEL 03-3818-1084　FAX 03-3818-8530
発　売　　大学図書
　　　　　TEL 03-3295-6861　FAX 03-3219-5158
印刷／製本　　松澤印刷株式会社

Ⓒ山脇正俊　2000　Printed in Japan
ISBN4-7972-2550-5　C 3050